地面无人系统
复杂环境感知技术

华 夏 等 编著

北京理工大学出版社
BEIJING INSTITUTE OF TECHNOLOGY PRESS

版权专有　侵权必究

图书在版编目（ＣＩＰ）数据

地面无人系统复杂环境感知技术／华夏等编著. --
北京：北京理工大学出版社，2024.1
　ISBN 978-7-5763-3531-6

　Ⅰ. ①地…　Ⅱ. ①华…　Ⅲ. ①无人值守-智能系统
Ⅳ. ①TP18

　中国国家版本馆 CIP 数据核字（2024）第 042097 号

责任编辑：陈莉华　　　文案编辑：陈莉华
责任校对：刘亚男　　　责任印制：李志强

出版发行／北京理工大学出版社有限责任公司
社　　址／北京市丰台区四合庄路 6 号
邮　　编／100070
电　　话／（010）68944439（学术售后服务热线）
网　　址／http://www.bitpress.com.cn

版 印 次／2024 年 1 月第 1 版第 1 次印刷
印　　刷／保定市中画美凯印刷有限公司
开　　本／787mm×1092mm　1/16
印　　张／10.75
彩　　插／6
字　　数／240 千字
定　　价／68.00 元

图书出现印装质量问题，请拨打售后服务热线，负责调换

编写委员会

主　编：华　夏

副主编：王　东　孟凡杰

　　　　邵发明　王新晴

编　委：任国亭　张　鹏

　　　　殷　勤　黄　杰

前　言

当今世界正在掀起新一波技术革命和工业转型的浪潮，地面无人系统是一个综合体，涵盖了机械工程、控制理论、计算机技术、通信技术、传感器技术、信息融合技术和人工智能等领域的最新技术。它能够独立感知设备周围的动态和静态环境信息以及自身状态信息，并可通过决策，规划和控制系统协助或直接驱动设备进行行驶或者作业。地面无人系统具有持续行动能力强、机动灵活、战场生存能力强等优点，目前主要用于扫雷破障、武装巡逻、核生化探测、危险品运输、火力引导、通信中继和后装保障等领域，已在多个战场投入使用，相关技术的发展引领了军事领域的重大变革并且显著改变了现代战争的形态，是未来陆军作战方式向非接触、非线式、非对称、零伤亡变革的必要装备。

地面无人系统的环境感知是通过安装在无人系统外部或内部的环境感知传感器和智能算法实现的。环境感知传感器模块全天时全天候地自动收集来自车外环境的信息，识别周围环境中静止和运动的物体，对识别的物体进行检测和跟踪，并在系统内构建实时的场景地图，实现对周围环境的感知。环境感知功能是地面无人系统实现决策和规划的前提和基础，对地面无人系统的研究起着非常重要的作用。装备的工作环境可以是已知的、规范标准的和未改变的结构环境，也可以是复杂且可变的非结构环境。如何快速、准确、全面地获取装备内部状态和外部环境信息，是环境感知系统实现"感知"和"理解"复杂环境的关键，也是智能无人装备开发的关键。

本书首先结合国内外研究现状，对地面无人系统及其环境感知关键技术的研究发展现状进行了介绍，并且总结了当前环境感知技术中存在的问题，分析了这项技术的发展趋势。然后，针对当前主流地面无人系统的环境感知技术在复杂环境下存在的鲁棒性差、适应能力不强等实际应用难题，基于人工智能技术深入研究了几项地面无人系统复杂环境感知关键技术，主要包括地面无人系统复杂环境下的目标检测与识别技术、地面无人系统复杂环境重构与场景理解技术、基于感知的无人装备复杂环境下敏感目标跟踪定位技术，取得了创新性成果。最后，结合参研的国家重点研发计划、国家自然基金、军队重点研究课题，与团队研发的地面无人系统平台，深入讨论了多项环境感知技术的应用解决方案和应用前景，为下一步将科研成果更好地服务国防和军队建设，为推进我国地面无人系统的发展提供参考。

本书的主要内容由王新晴教授课题组近年来多位博士和硕士的优秀学位论文组成，其中2.1节由孟凡杰供稿，2.2节由邵发明供稿，2.3节和3.1节由华夏供稿，3.2节由任国亭供稿，3.3节由张鹏供稿。本书的撰写和编排工作主要由华夏、王东、孟凡杰、邵发明等完成，并且获得了陆军工程大学野战工程学院芮挺、杨成松等专家教授的大力支持和帮助，在此表示衷心的感谢！

本书将地面无人系统环境感知技术的多个方面融合为一个整体，既适合作为我国各高等院校自动化、机器人学等专业的本科生和研究生的参考教材，也可以提供给相关领域研究人员作为参考资料。

目　录
CONTENTS

第1章

绪　论

1.1　地面无人系统概述

当今世界正在掀起新一波技术革命和工业转型的浪潮，地面无人系统是一个综合体，涵盖了机械工程、控制理论、计算机技术、通信技术、传感器技术、信息融合技术和人工智能等领域的最新技术。它能够独立感知设备周围的动态和静态环境信息及其自身状态信息，并可通过决策，规划和控制系统协助或直接驱动设备进行行驶或者作业，具有广泛的应用前景。随着实用地面无人装备的快速发展，许多企业通过数据收集和评估测试系统逐步实现了地面无人装备的产业化。

地面无人系统目前主要用于扫雷破障、武装巡逻、核生化探测、危险品运输、火力引导、通信中继和后装保障等领域，已投入伊拉克和阿富汗战场使用，是未来陆军作战方式向非接触、非线式、非对称、零伤亡变革的必要装备。高新技术的飞速发展与武器系统的升级换代，使得战场上战斗人员的生存能力越发得到重视，为保护作战人员的生命，近年来发展的地面无人作战系统能够协助士兵在复杂的作战空间探测敌人，扩大作战视野，在执行侦察、核生化武器探测、障碍突破、反狙击和直接射杀等任务时能有效避免人员伤亡，大幅度提高作战人员的生存率、灵活性和战斗力。图1-1（图片源于互联网）展示了近年来几类典型的地面无人系统，其中包含无人车辆、排爆机器人和仿生机器人。地面无人装备已成为各国争先发展的陆基设备之一，伴随着信息技术、控制技术等关键技术的发展与突破，地面无人系统呈现出更新、更好的发展趋势。

在未来作战任务中，地面无人装备拥有多种显著优势：一是具备完成自主战术任务的能力，可以代替作战人员完成高风险和难以完成的作战任务，使作战能力更加具有灵活性、有效性和连续性；二是通过人为控制，可以准确地实现指挥人员的战术意图；三是具备超强的恶劣环境和复杂任务的适应能力，可以完成围绕作战任务这一核心的其他多样化任务；四是具备目标小、抗冲击过载能力强、可无声驾驶、战场隐身效果好等特点，

图1-1 典型地面无人装备

可以有效扩大战术应用范围；五是对后勤装备保障的依赖性低，具备连续作战能力。鉴于地面无人设备的独特优势和广阔应用前景，我国许多研究机构在各种项目的支持下对地面无人系统进行了研究。

国外地面无人系统的发展始于20世纪60年代，迄今为止主要经历了四个阶段，如图1-2所示[1]。

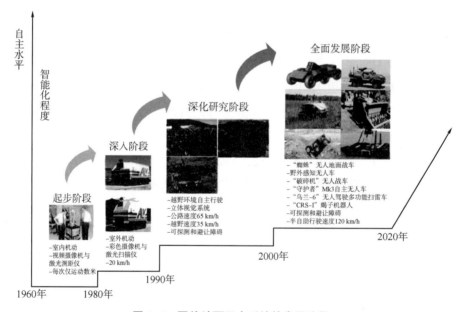

图1-2 国外地面无人系统的发展阶段

进入21世纪后，军用地面无人系统进入快速发展阶段，已经被逐步纳入新一代武器装备体系。除美国外，以色列、法国、德国、英国、日本、俄罗斯等都开始加入研制行列。美国装备的无人系统种类和数量最多，综合研制水平最高。2001年，美国就提出了"2015年前实现1/3地面作战车辆为地面无人系统"的目标，虽然没有如期实现，但有力推动了小型无人车（SUGV）、班组任务支援系统、"大狗"等军用地面无人系统的发展。2005年，美国DARPA资助卡耐基梅隆大学的国家机器人工程中心（National Robotics Engineering Center，NREC）设计了"破碎机"（Crusher）无人战车。2007年，英国BAE系统公司为美国研发的"黑骑士"无人坦克参加陆军本宁堡演习并得到了陆军高层的肯定，其主要任务是对危险地域进行勘察、情报收集、前方侦察，也可以伴随步兵作战，提供火力支援。"黑骑士"无人坦克可在黑夜和白天两种环境下使用，且支持无人自主操作和手动操作，可自动规划路线，智能躲避障碍物。2016年年初，俄罗斯开展了三款"乌兰"系列地面无人车辆，如图1-3所示，功能涵盖消防、扫雷和战斗。"乌兰-6"无人驾驶多功能扫雷车的主要任务是搜索地雷和未引爆弹药，其最大遥控距离可达到1 500 m；"乌兰-9"武装无人战斗车可为陆军步兵分队、空降兵部队、特种部队、海军陆战队等多兵种提供远程侦察和火力支援，其配备的导弹系统最大射程可达到8 000 m；"乌兰-14"型MRTK-P无人消防/扫雷车是一种专门针对高危环境和交通不便地区研发的无人系统[3-5]。

图1-3　"乌兰"系列地面无人系统

2019年，世界地面无人自主系统技术继续保持高速发展，以美国、英国、俄罗斯和以色列等国为代表，在发展规划、重点型号项目、新兴自主驾驶技术等领域均取得重大进展。后勤支援型和武装型自主无人车越来越受到世界各国的关注。近几年，美国、英国、俄罗斯、澳大利亚和以色列等国纷纷开展了后勤支援型自主无人车演示验证工作，持续推动武装型自主无人车发展。2019年8月，美国一公司展出飞马座可变形自主无人机/无人车混合系统，其特点是无人机和无人车模式均可自主操作，地面续航能力达到4 h，在有/无GPS情况下均可使用，并可进行三维环境绘图。2019年10月，白俄罗斯BSVT公司披露其半马人座无人车，该无人车为自主机器人系统，可单独作战，也可协同作战，可预先在24 h内指定巡逻路线，同时自动检测和跟踪可疑物体。这款无人车配备4个摄像头，其中包括2个彩色摄像头和2个热像仪，可支持全天候工作。同年12月，瑞士桑德X汽车公司与URS实验室推出联合研制的无人驾驶T-ATV1200战术全地形车，这款战术全地形车采用智能遥控系统，配备三轴摄像头、GPS跟踪系统、语音与无线电双路通信和耳机，可在10 km视距范围内控制车辆，或在4 km非视距范围内控制车辆，互联车辆多达10辆，且能互相提供中继服务，将遥感范围扩大至100 km以上，具备自动返回和跟随功能[6]。

目前，国外重点研发自主和全自主地面无人系统。以色列已率先列装了具有感知、理解、分析、通信、规划能力的半自主和全自主地面无人系统，用于执行火力支援、巡逻、后勤保障等任务。"守护者"Mk2 无人车有效载荷为 1 200 kg，可配装障碍探测与规避模块、指挥控制系统、各种模块化武器站、通信组件和后勤保障组件等，具备全天候感知能力，能够自主决策，可自主"跟随"车辆或士兵行进。美国陆军在"未来战斗系统"项目中，首次将自主地面无人系统纳入未来一体化陆军武器装备体系中。虽然该项目已终止，但美国地面自主无人系统的发展并没有停滞，如美国自主式无人演示车采用自主导航系统和 GPS 定位技术，能够以 80 km/h 的速度规避途中障碍物。

与有人装备协同作战是各类军用无人系统未来的重要使用方式，目前美英等国都在积极开展相关研究。美国国防部早在《2011—2036 财年无人系统综合路线图》中明确将有人—无人编队作为各军兵种无人系统发展面临的重大挑战之一；美国陆军在 2017 年《机器人与自主系统战略》中制定有人—无人系统编队作战技术发展目标，并指出将在 2020 年后实现有人—无人系统编队作战，2030 年后形成更灵活的无人系统编队，如具备空中和地面机动能力的有人—无人系统编队，在陆军所有编队与任务中，地面无人系统将伴随士兵作战[7]。

仿生技术是推动无人系统创新发展的一项重要技术，国外在新型地面无人系统、微型无人系统的研制中愈加注重仿生技术的应用。例如以机械腿步行方式行走，能够使地面无人系统穿越树丛和陡峭地形，征服轮式和履带式行走装置难以通行的区域。目前美国、德国和日本等国家已推出多种仿生机器人，美国主要发展了"大狗"和"猎豹"四足仿生机器人、"沙蚤"跳跃机器人、"阿特拉斯"人形机器人等，其中"大狗"四足仿生机器人可完成下蹲、爬行等动作；"猎豹"四足仿生机器人20 m 冲刺速度高达 46 km/h；"沙蚤"跳跃机器人最高可跳跃 9 m；"阿特拉斯"人形机器人高 1.88 m，具有大步行走、单腿站立、跳跃、上下楼梯、躲避障碍物、防摔等功能[8]。

1.2　地面无人系统环境感知技术概述与研究现状

地面无人系统的环境感知技术日益受到国内外研究机构的关注，对环境的感知和判断是智能地面无人系统工作的前提和基础，是实现环境建模、平台定位、路径规划等平台自主导航和执行任务的前提，对地面无人装备系统的研究起着非常重要的作用。如何快速、准确、全面地获取装备内部状态和外部环境信息，是环境感知系统实现"感知"和"理解"复杂环境的关键。

地面无人系统自主感知环境将意味着地面无人系统对操作员的依赖和通信带宽的需求大大降低，这会使得军用地面无人系统能够高度自主和协同执行任务，进而使得战场上大量使用军用地面无人系统成为可能。军用自主地面无人系统的使用将大幅度提高陆军的装甲突击、远程火力打击、战术级作战分队的战场态势感知、后勤保障、扫雷排爆，甚至与其他军种的联合作战能力。因此，发展可靠性强的、精度高的地面无人系统环境感知技术是国家发展军事实力、进一步实现军事水平现代化的关键[10]。

　　Boss 无人车由 Tartan Racing 团队开发设计完成，其感知系统使用多个传感器提供必要的冗余和覆盖范围，保证其能在城市环境中安全驾驶，如图 1-4 所示。Boss 无人车的环境感知系统由 2 个相机、1 个三维激光雷达、6 个二维激光雷达、2 个 IBEO 以及 2 个毫米波雷达组成[11]。

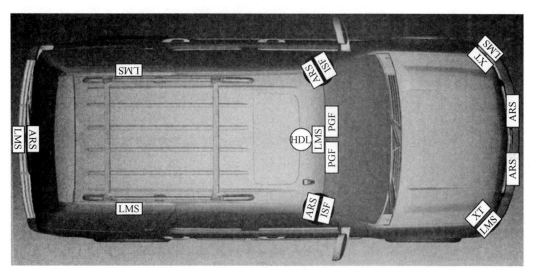

图 1-4　Boss 无人车传感器安装示意图

　　Boss 无人车感知系统结合了多个激光传感器来检测静态障碍物，同时生成即时的和暂时过滤的障碍地图，其中即时障碍地图用于移动障碍假设的验证，暂时过滤处理用于去除运动的障碍和减少在地图上出现虚假的障碍。为了检测道路边缘，Boss 无人车通过对比分析两个主要激光雷达（LiDAR）数据来降低道路边界检测复杂性，环境感知建图如图 1-5 所示。其原理为，首先，路面被假定为相对平坦和缓慢的变化，由可观察到的几何变化确定道路的边界，尤其是高度的变化；其次，每个激光雷达扫描独立地进行处理，而不是建立一个三维点云图，这样只用分析单个维度的激光数据，从而降低了算法的复杂度[11]。

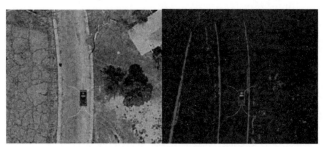

图 1-5　Boss 无人车环境感知图

Google 无人车车顶上安装有 64 线激光雷达 Velodyne，用于检测周围环境目标物体的距离和三维环境建图，如图 1-6 所示。

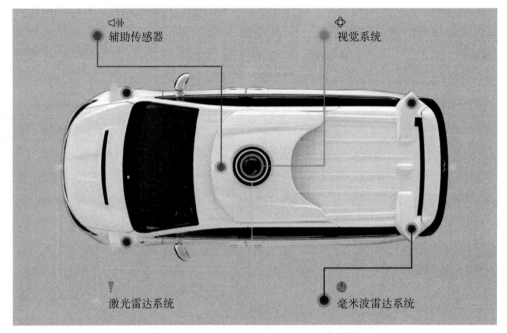

图 1-6　Google 无人车感知系统传感器安装配置图

毫米波雷达系统用来跟踪附近的物体，当它在无人车的盲点内检测到物体时便会发出预警。可见光相机安装在挡风玻璃上，可以用来检测车道线。一旦无人车不小心偏离了车道，方向盘会轻微震动来发出预警。红外相机装在挡风玻璃上用于夜视辅助功能，无人车两个前灯发出红外光线到前方的路面，红外相机用来检测红外标记，并且在仪表盘的显示器上显示图像，对其中存在的危险因素进行突出显示。两个可见光摄像机组成立体视觉系统，可实时生成前方路面的三维图像，用于检测行人并对其做出预判。安装在无人车底部的惯导系统可以测量无人车在三个方向上的加速度及角速度等数据，结合同步 GPS 信息可以对无人车进行精准定位，通过将这些传感器数据输入计算机，然后再利用 Google 自己设计的环境感知系统软件以极高的速度对这些传感器数据进行处理。通过以上各种途径，Google 无人车可实现对道路环境的各种状况进行感知[11]。

针对地面无人系统环境感知任务，在本节中分别对地面无人系统目标识别和检测技术、运动目标的跟踪和行为理解技术、场景理解与环境建模技术的最新研究进展进行了阐述。

1.2.1　地面无人系统目标识别和检测技术研究现状

当前，地面无人系统与外界环境交互过程中，使用最为广泛的是基于摄像头的图像信息处理。而目标检测方法就是图像处理的一个重要理论基础，它的目的是从不同复杂程度的背景中分辨出图像中的目标物体，并标定物体的类别和位置，进而完成跟踪、识别等后续任务，最终为决策系统提供可靠的外界环境信息。这在自主无人系统中起到至关重要的作用，其性能的好坏将直接影响后续的中高层任务的性能。如在无人驾驶汽车中，摄像头可以通过捕捉视角内存在的行人、车辆、交通灯、交通标示等，将识别的目标信息传递给中央控制系统，以做出控制决策，如图1-7所示。目标检测作为目标跟踪和识别的基础，检测结果的好坏对后续操作起决定性作用。

图1-7　图像目标检测技术

计算机视觉经历长达几十年的研究路程，从20世纪的手写体识别到如今的多目标识别，目标检测一直是经久不衰的基础研究问题。如何提高算法的准确率、加快算法处理速度以及使算法具有强鲁棒性，一直是最主要的研究课题。

传统的目标检测方法一般分为区域选择、提取特征、分类回归三个流程，首先对输入的图片进行区域分割，划分成很多冗余的小块候选区域，然后对这些候选区域进行特征提取，最后对候选区域的特征进行分类和回归，来判断目标是否落在候选区域内。传统的检测方法根据不同场景设置了不同的特征提取算法。但由于传统检测方法存在受光照变化影响大、在复杂背景下鲁棒性差、多类目标特征提取能力弱等问题，使得部署传统检测方法的系统存在目标检测精度低、定位不准确的现象，很难应用到工程实际中。近年来，深度学习在各个研究领域都有了突破式发展，以它极强的特征学习能力和适应各种环境的泛化能力广受研究人员的追捧，因此基于深度学习的自主无人系统目标检测方法具有极大的研究前景[2]。

基于深度学习的目标检测方法按处理过程划分为两类。第一类是将输入图片分成多个候选区域（Region Proposal）的目标检测。它将目标检测过程分为两个阶段，被称为二阶段检测方法。第一阶段通过图片处理生成大量候选区域，并使用 CNN 提取每个区域的特征映射（Feature Map）；第二阶段将候选区域对应的特征映射输入分类器进行分类，并修正候选目标的预测边框位置。在特征提取方法上，目标检测普遍采用卷积神经网络代替人工特征提取算子来提取图像特征[2]。

基于深度学习的检测方法依然存在许多待改进点。例如，通过修改网络结构提高输出特征的表征能力来提高检测的准确度、减少冗余特征、加快算法检测速度、降低网络参数等。因此研究更加高效、准确的自主无人系统目标检测算法具有重要的理论意义和工程应用价值。

除了光学摄像头以外，激光雷达也是当前无人系统进行环境感知的重要传感器之一，常用于物体检测、道路分割和高精度地图构建。现在常用的激光雷达为机械式激光雷达，其由若干组可以旋转的激光发射器和接收器组成。每个发射器发射的一条激光束俗称"线"，主要有单线、4 线、16 线、32 线、64 线和 128 线雷达。常见机械式激光雷达中激光束是波长在 900 nm 左右的近红外光（NIR），可以根据激光直接获得周围 360°的准确三维空间信息。

激光雷达具有不受光照影响和直接获得准确三维信息的特点，因此常被用于弥补摄像头传感器的不足。激光雷达采集到的三维数据通常被称为点云，激光点云数据有很多独特的地方，比如距离中心点越远的地方越稀疏；机械激光雷达的帧率比较低，一般可选 5 Hz、10 Hz 和 20 Hz，但是因为高帧率对应低角分辨率，所以在权衡了采样频率和角分辨率之后常用 10 Hz；点与点之间根据成像原理有内在联系，比如平坦地面上的一圈点是由同一个发射器旋转一周生成的；激光雷达生成的数据中只保证点云与激光原点之间没有障碍物以及每个点云的位置有障碍物，除此之外的区域不确定是否存在障碍物；由于自然中激光比较少见，所以激光雷达生成的数据一般不会出现噪声点，但是其他激光雷达可能会对其造成影响，另外落叶、雨雪、沙尘、雾霾也会产生噪声点；与激光雷达有相对运动的物体的点云会出现偏移，例如采集一圈激光点云的耗时为 100 ms，在这一段时间如果物体相对激光有运动，则采集到的物体上的点会被压缩或拉伸[3]。

在深度学习流行之前主要用传统的机器学习方法对点云进行分类和检测。在这个领域对于这些学习方法本身的研究并不多，研究者更倾向于直接把理论上较为成熟的方法应用到激光点云数据中。研究者将研究重点主要放在对数据本身特性的理解上，从而设计出适合点云的算法流程。

点云图中最明显的规律是地面上的"环"，根据点云的成像原理，当激光雷达平放在地面上方时，与地面夹角为负角度的"线"在地面上会形成一圈一圈的环状结构。因为这种结构有很强的规律性，所以很多物体检测算法的思路是先做地面分割然后做聚类，最后将聚类得到的物体进行识别。为了提高算法的速度，很多算法并不直接作用于三维点云数据，而是先将点云数据映射到二维平面中然后再处理。常见的二维数据形式有范围图像（Range Image）和立面图（Elevation Image）。

从 2014 年开始，深度学习广泛地被应用在各个领域，随着图片物体检测算法的发展，点云物体检测也逐步转向了深度学习，典型试验结果如图 1-8 所示。现在自动驾驶中一般关注鸟瞰图中物体检测的效果，主要原因是直接在三维中做物体检测的精确度不够高，而且目前来说路径规划和车辆控制一般也只考虑在二维平面中车体的运动。现在在鸟瞰图中的目标检测方法以图片目标检测的方法为主，主要在鸟瞰图结构的建立、物体空间位置的估计以及物体在二维平面内的旋转角度的估计方面有所不同[3]。

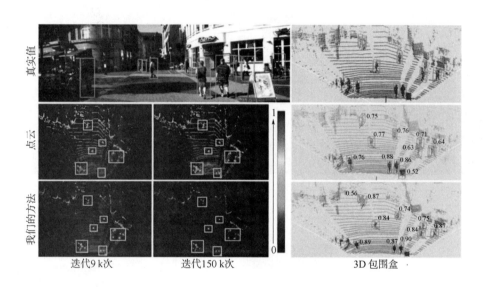

图 1-8 激光点云目标检测技术

从检测结果来看，这类算法比在三维空间中的物体检测要好。直接作用在三维空间中的物体检测方法在近年来也有所突破，其通过某种算子提取三维点云中具有点云顺序不变性的特征，然后通过特殊设计的网络结构在三维点云上直接做分类或分割。这类方法的优点是能对整个三维空间任何方向任何位置的物体进行无差别的检测，其思路新颖，但是受限于算法本身的能力、硬件设备的能力以及实际应用的场景，现在还不能在实际中广泛地使用。虽然在学术界的排行榜中现在最好的方法是基于深度学习的算法，但是在实际问题中数据的预处理、后处理等对最终结果有着至关重要的影响，而这些部分的算法往往需要根据数据和使用场景有针对性地设计。

1.2.2 运动目标的跟踪和行为理解技术研究现状

目标跟踪是对检测出来的物体进行运动轨迹跟踪描述等。行为理解属于高一级的机器视觉问题,通过研究目标的运动模型,来寻求对运动目标的个体及交互行为的高层次描述,并用自然语言表达。

运动目标跟踪是在给定视频序列中确定感兴趣的目标的位置、速度、运行轨迹等信息,是下一层行为理解的前提。如图1-9所示,它不仅仅可以提炼出运动目标有用的运动信息,为后续语义层面的行为理解提供基础,同时也可以对运动检测提供反馈,对下一帧的运动目标提供有用信息,构成系统反馈回路。目前运动跟踪的实时性和性能相互影响,同时也存在目标遮挡、形态变化等导致跟踪失败等现象[4]。

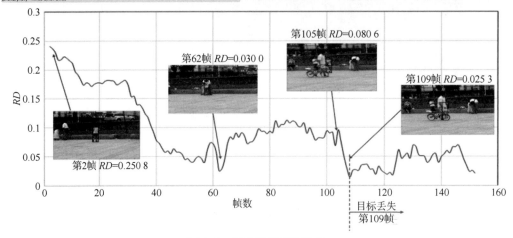

图1-9 运动目标跟踪技术

视觉目标跟踪系统在近年来取得了深入发展和研究,并且在视频监控、智能交通、医疗分析、气象预测和军事制导领域均被广泛应用,同时取得了大量的应用和理论成果。在军用领域,无人侦查、武器制导和空间测量等领域均有涉及目标跟踪技术。

由于受限于硬件设备的发展,目标跟踪一直备受冷落。直到20世纪70年代,科学家使用卡尔曼滤波器成功解决阿波罗轨道预测的问题，目标跟踪才逐渐进入学者的视野，随后逐步进入深入研究阶段。2010 年之前，仅有一些经典的跟踪算法——卡尔曼滤波（Kalman Filter）、粒子算法（Particle Filter）、均值漂移算法（Mean Shift）等比较活跃，此时，目标跟踪还没有形成完整的理论体系。卡尔曼滤波器通过观测目标的运动状态对目标建立运动模型，再由运动模型预判目标之后的行进轨迹，其对于瞬时预测有较好的跟踪效果。均值漂移算法主要通过将目标的位置迭代收敛到概率密度分布的局部峰值上获取局部最优值，主要依托概率密度分布[4-5]。

上述几种经典算法属于产生式跟踪算法，学者们在研究过程中发现产生式算法无法准确实现长时间跟踪，容易出现跟丢的情况。

随着超级计算机的问世，兴起了人工智能的研究浪潮，大数据的处理与硬件的落后这两个难点已不再是机器学习发展的障碍。机器学习也逐渐影响着目标跟踪算法的研究进程，基于深度学习的目标跟踪算法也相继被提出。

1.2.3 场景理解与环境建模技术研究现状

如何使地面无人系统能更好地理解其所处的工作环境，或具有与智能生命体相类似的环境认知能力，是长久以来国内外学者密切关注并积极研讨的具有挑战性的研究课题之一。在相对结构化的室内环境中，借助多传感器融合技术的移动机器人自主环境感知、环境地图构建以及室内场景认知技术相对成熟[1]。因此近年来自主移动机器人（包括自主无人驾驶车）的研究与应用正逐步从室内结构化环境向野外完全非结构化环境进行扩展。基于视觉的室外自然场景理解是工作在复杂自然环境中的移动机器人能够实现自主环境适应所应具备的基本条件。由于室外自然场景的多样性、随机性、复杂性以及移动机器人的运动性，所构建的场景理解系统应具有较高的实时性和自适应性。实时性是指由于自然场景图像本身的不稳定性和复杂性，为了提高辨识效果往往会造成图像处理的时间开销过大，因此必须要兼顾算法的效率与辨识效果。同时为了应对所处环境中自然景物的非结构化特性和随机性，以及景物在不同地形地貌之中的相互组合与关联，算法的自适应性也是决定自然场景理解效果的重要因素[2]。

目前视觉场景理解还没有严格统一的定义，参考麻省理工学院、卡耐基梅隆大学、斯坦福大学等国际著名科研团队的研究工作，视觉场景理解可表述为在环境数据感知的基础上，结合视觉分析与图像处理识别等技术手段，从计算统计、行为认知以及语义等不同角度挖掘视觉数据中的特征与模式，从而实现场景有效分析、认知与表达。近年来结合数据学习与挖掘、生物认知特征和统计建模方法构建的视觉场景认知理解系统，为室外场景辨识和物体识别提供了新的解决方案。其中最具代表性的是由美国国防高级研究计划局（Defence Advanced Research Projects Agency，DARPA）主办的野外无人车挑战赛，参赛无人车在室外复杂场景下的深层环境感知和稳定运行推动了自然场景理解在实际平台上的技术转化。但由于室外自然场景的多样性与复杂性，传统室内移动机器人的辨识与认知技术无法轻易地转移利用[6]，这就为室外自然场景理解提出了新的研究需求与技术挑战。

早期的相关工作主要集中于物体的分割辨识及认知基础理论的研究上。近年来，随着计算机视觉技术和认知学的快速发展，对场景图像中单一形式物体的识别逐渐过渡到对类内多形式物体的识别，以及场景的全局理解和场景物体间关联信息的建模[7-8]，如图1-10所示。

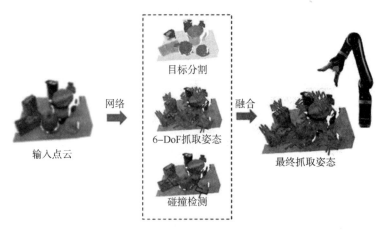

图 1-10　机器人场景语义理解

从场景建模角度来看，马尔可夫随机场（Markov Random Field，MRF）[8]、条件随机场（Conditional Random Field，CRF）等模型的使用增强了场景信息的关联，这使得场景及场景中物体辨识的速度和精度都有所提高。由于该研究领域的多学科交叉特点，其所取得的研究成果要得益于图像处理与分析、模式识别与分类、机器学习、知识工程等子领域的研究进展，同时各子领域间的相互交融也极大地推动了该领域研究的创新与发展。

环境建模是各型机器人进行路径规划时的首要前提，如图1-11所示。其中，对于二维

图 1-11　地面无人系统三维环境建模

平面环境而言，常用的建模方法有栅格法、可视图法、模版模型法、拓扑图法；对于三维空间环境而言，常用的建模方法有栅格法、几何建模法和高程建模法。由于山地环境属于准三维空间，其建模过程相对困难，目前，涉及的建模方法分为两类，一类是利用栅格法将其降维成二维平面环境模型，另一类是利用高程图将其升维成三维空间环境模型[9]。

1.3 地面无人系统环境感知技术存在的问题与挑战

基于视觉信息处理的无人地面平台相关技术在军用武器装备、交通、医护以及日常生活等多方面都有广泛的应用前景和拓展空间。随着应用需求的不断增加，地面无人系统的应用环境更加趋于复杂化、载体运行方式多变、运行速度更加快速，给予环境感知的视觉信息数据越来越多，而在信息处理效率和准确性等方面也提出了更高的要求。

地面战场环境中的军事目标识别与跟踪，面临着诸多挑战。首先，同一般目标检测与跟踪问题相似，基于数字图像的军事目标识别与跟踪面临着光照、天气的影响。比如光线过强或光线过弱、雨、雪、雾、霾等因素都可能造成图像污染与目标外观特征的模糊。此外，相比于一般场景，地面战场环境更为复杂。与一般非军事目标相比，军事目标的尺度变化更为明显。同常规目标识别与跟踪相比，军事目标的识别与跟踪对鲁棒性和实时性的要求更高。最后，由于智能硬件系统受空间、能源及成本的影响，留给智能识别与跟踪系统的计算资源往往不足，计算消耗一直是目标检测与跟踪算法面临的重要挑战。因此，在战场环境下，只有效率与准确率高，并且消耗计算资源少的军事目标识别与跟踪算法才能最终走向实用。在研究过程中，本书总结军事目标识别与跟踪通常面临的问题主要包括以下几个方面。

（1）复杂的背景。相比于非军事目标的检测与跟踪，军事目标除了面临着光照、天气的影响外，复杂的战场背景也正增加了其检测与跟踪的困难。图1-1展示了战场环境中典型的地面军事目标。军事目标的活动范围更广，因此带来地面军事目标更加复杂的背景变化。这些背景包括丛林、沙漠、草原、城市等，比一般情景更加复杂，同时，目标运动产生的灰尘、炮口的火焰和烟雾等，污染了战场图像以及军事目标的外观特征，使得检测与跟踪算法必须具有更强的鲁棒性。

（2）目标尺度跨度更大。对于军事目标的检测与跟踪，除了要精准、快速、可靠外，另一项重要的要求就是具有隐蔽性，这就要求探测系统要能够在较远的距离外对军事目标进行检测与跟踪。地面军事目标的攻击距离一般在几百甚至上千米，在较远的距离外，战场环境图像中的地面军事目标尺度往往小于20×20像素，这就要求检测与跟踪算法要能够处理尺度跨度范围广的目标尺度，尤其是要强调对小尺度目标的探测能力。

（3）目标遮挡。当地面军事目标以装甲团簇的方式行进时，同种目标之间易发生遮挡；当地面军事目标在城市中行进时，易受到建筑物的遮挡；同时地面军事目标炮口的烟尘、伪装放出的烟雾、爆炸产生的火光等，也会遮挡目标。当目标被遮挡时，依据其外观特征无法探测其准确位置，这就要求目标跟踪的方法要能够联系时间语义信息，当发生遮挡情况时，对目标的位置进行预测。

（4）实时性需求。对于顷刻间就能决定战争胜负的战场环境来说，目标检测和跟踪算法的运行速率极为重要。现代基于深度学习的算法往往以庞大的结构为代价，来提升网络的精度，若将这些方法直接应用到军事目标的检测与跟踪中，势必造成响应速率的降低。此外，现代深度学习算法的结构和复杂训练是一种纯粹的数据驱动方法，需要在现代计算平台上进行密集的计算工作，通常以较高的计算和时间为代价，特别是在一些在线训练应用中，训练时间被包含在系统的响应时间内，降低网络训练复杂度意味着降低系统响应时间。因此，构建训练简单、耗时较短的地面军事目标检测与跟踪算法尤为重要。

（5）运动模糊。地面战场环境中对军事目标的检测与跟踪任务通常是由无人机或地面侦察完成的，这些装备往往处于高速、颠簸的状态运行，这种状况下所采集的影像往往会出现运动模糊的情况。尤其是小尺度目标本身外观特征不足，运动模糊更容易造成检测与跟踪的失效，这就要求检测与跟踪算法具有一定的解模糊能力。

（6）公开数据集的问题。数据集是目前基于计算机视觉的目标检测与跟踪算法的基础，没有良好的数据集将难以训练出优秀的人工智能系统。在地面目标中，现存的数据集往往是针对行人、车辆等常规目标，只能作为方法验证的依据，而无法应用到军事领域。因此，仿照公开数据集的构建方法，建立自己的地面军事目标数据集成为军事目标检测与跟踪研究的必然。

考虑到实际环境的开放性和复杂性，地面无人系统环境感知仍面临着泛化性和鲁棒性的双重挑战，我国应继续针对越野环境，重点研究多传感器信息融合技术、凹凸障碍检测技术、环境三维重构技术、运动物体捕捉与跟踪技术、地表材质识别技术、恶劣天气条件下的环境感知技术；并且按照应用指标要求，研制激光雷达、小型毫米波雷达、超宽带雷达等目前急需的环境感知关键器件，形成产品系列。

1.4 本书主要内容与章节安排

本书针对地面无人平台（无人驾驶车辆、无人战车、无人化应急救援装备等）在复杂环境或背景条件下，对其环境感知的关键问题与有效解决方案开展研究，重点围绕可通行区域分割、环境中敏感目标检测（如军事装甲目标，交通标志与警告，通行区域的人、车、建筑物等）展开算法与解决对策方面的探索，为地面无人平台的避障、避险、越障、行驶（行走）引导、无人战车打击引导、规划导航等提供依据。环境感知中还涉及大量其他关键技术和解决方案，本书意在抛砖引玉，给同行与研究人员提供一些启示和参考。

本书分为4个章节，各章节具体内容如下。

第1章，绪论。结合国内外研究现状，对地面无人系统及其环境感知关键技术的研究发展现状进行了概述，并且总结了当前环境感知技术中存在的问题，分析了这项技术的发展趋势。

第 2 章，复杂环境下敏感目标检测技术。针对现有常用目标检测算法在复杂应用场景下目标检测与识别的精度低问题，提出了几种新型目标检测方法，分别是：复杂背景下装甲车辆目标检测技术、复杂背景中交通标志检测技术、复杂交通大场景多目标检测技术。

第 3 章，复杂环境下可通行区域解析技术。现阶段大部分地面无人装备环境感知系统只适用于高速公路或其他有道路标志线的结构化环境，然而在一些特殊的如军事、救灾等应用领域中，无人装备需要在没有车道线和标志牌的非结构化环境中行驶、作业。本章对地面无人装备在复杂的非结构化环境下的可通行区域解析技术开展研究工作，提出了三项新技术，分别是：基于视觉图像的野外道路智能导向技术、基于激光雷达点云数据的可通行区域提取技术、基于深度立体视觉的环境分割。

第 4 章，总结与工作展望。首先总结了本书的主要研究工作和创新点，然后介绍了下一步研究计划，并对自主地面无人系统和环境感知技术在军事任务上的应用研究工作进行了展望。

参 考 文 献

[1] 郭佳. 地面无人系统研究综述 [C]. 中国航天电子技术研究院科学技术委员会 2020 年学术年会，2020.

[2] 张璧程. 基于区域卷积神经网络的目标检测与识别算法 [D]. 成都：电子科技大学，2020.

[3] 车云网. 一文讲透自动驾驶中的激光雷达目标检测 [EB/OL].【2019-09-25】. http://www.cheyun.com/content/30301.

[4] 张亚东. 无人驾驶智能车动态目标检测与跟踪 [D]. 大连：大连理工大学，2011.

[5] 董永坤. 无人驾驶车辆运动目标跟踪方法研究 [D]. 上海：上海交通大学，2014.

[6] 井普楠. 基于视觉的移动机器人环境感知 [D]. 济南：山东大学，2020.

[7] 田瑞娟. 环境感知视觉信息处理技术在无人地面平台中的应用 [J]. 兵工自动化，2012，31（04）：51-55.

[8] 薛建儒，李庚欣. 无人车的场景理解与自主运动 [J]. 无人系统技术，2018，1（2）：24-33.

[9] 杨博，张建生，袁建辉，陈新. 地面无人作战平台信息感知及其关键技术研究 [J]. 国防科技，2016，37（02）：35-38.

[10] 人工智能产业研究院. 人工智能机器人发展篇——感知智能 [EB/OL].【2018-02-27】. https://baijiahao.baidu.com/s? id=1593553242770046730&wfr=spider&for=pc.

[11] 3D 视觉工坊. 地面无人驾驶系统环境感知技术的发展 [EB/OL].【2020-08-04】. https://blog.csdn.net/Yong_Qi2015/article/details/107804982.

第 2 章

复杂环境下敏感目标检测技术

为保障地面无人平台能够顺利避险、引导无人平台安全行驶、引导无人战车打击有效目标，本章重点研究复杂环境下敏感目标检测技术（如军事装甲目标，交通标志与警告，通行区域的人、车、建筑物等检测技术），针对现有常用目标检测算法难以适应多目标、弱小目标、光照变化、杂乱背景、大面积遮挡、模糊等干扰因素的问题，提出了几种新型目标检测方法，分别是复杂背景下装甲车辆目标检测技术、复杂背景中交通标志检测技术、复杂交通大场景多目标检测技术。通过多项对比试验和应用效果分析验证了该算法能够兼顾实时性和检测精度。

2.1　复杂背景下装甲车辆目标检测技术

在地面战场环境中，对军事目标位置的快速准确检测是其识别和跟踪的基础，也是克敌制胜的关键。基于数字图像的军事目标检测属于目标检测范畴，但不同于常规目标的检测，极度复杂的战场环境，跨度广的目标尺度都增加了军事目标检测的复杂性。基于视频的军事目标检测属于目标跟踪范畴，军事多目标跟踪（Military Multi-Target Tracking，MMTT）在战场态势感知中起着至关重要的作用。多目标跟踪（Multi-Object Tracking，MOT）需要对目标进行一定程度的推理，建立帧与帧之间的目标对应关系。

基于计算机视觉的军事目标识别与跟踪依赖对目标特征的有效提取和表达[1]。直到目前，传统浅层结构的机器学习（例如支持向量机 SVM[2]）与构造特征在军事目标检测中，仍存在巨大的应用。传统机器学习算法的优点在于直观、易于理解、构造简单。在极简单的分类问题时，传统机器学习算法运行速率快，可靠性高。如图 2-1 所示，传统机器学习算法在训练时，需要首先构建包含真实军事目标和虚假目标的分类数据集，然后根据目标特性设计特征提取算法，如 HOG 算法[3]、SIFT 算法[4] 等。在提取真实与虚假目标的特征后，将特征送入分类器并对其进行训练。在测试阶段，输入战场图像通过同样的特征提取，将特征送入分类器，对目标进行分类，并根据分类结果生成最终的检测结果。在已知传统机器学习算法中，支持向量机通过特有的非线性映射功能，将复杂的分类问题简化为线性分类，取得了较好的分类效果。但与其他传统算法相同，SVM 的特征向量仍然需要人为选择或构造，需要花费大量时间和精力选取适当的特征组合，并且，即使采用融合特征，当场景图像发生变化或目标发生改变时，该算法的精度往往发生较大降低。在绝大多数传统目标检测技术中，滑动窗口仍然是提取图像局部特征的手段，当目标尺度较小时，准确的位置检测意味着较小的滑动步长和密集的滑动窗口，导致大量的计算资源消耗。以上原因导致传统机器学习算法很难适应复杂的检测问题。

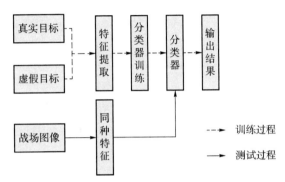

图 2-1　传统机器学习算法训练与测试过程

随着深度学习算法的发展，针对目标识别和跟踪的方法层出不穷。由多层网络中提取的 "超级柱" 特征是大部分深度学习算法的基础。然而网络的尺度难以确定，一方面，使用高分辨率图像和小尺度检测器可以提升小尺度目标的检测能力；另一方面，使用低分辨率图像和大尺度检测器可以提高检测的效率[5]。此外，区域锚点（Anchor）在区域推荐网络 RPN[6] 中首次提出，是目前绝大多数现代目标检测技术（如 Faster R-CNN[6] 和 YOLO[7]）的基础。如图 2-2 所示，锚点被定义为一组具有固定尺度和长宽比的滑动窗口的中心，以预先设定的比例和高宽比在空间域上均匀采样。锚点区域内的特征被抽取后，通过分类回归分支得到区域内目标的分类得分参数，通过定位回归分支得到区域内目标的位置参数。在两步检测器中，锚点是候选区域分类和回归参数的预测，而在单步检测器中，锚点为最终包围框[8-11]。在特征图上，锚点以固定步长的滑动窗口进行扫描，为了保证足够高的召回率，大量的锚点被用于生成分类参数和位置参数。显然，这个方案是非常浪费计算资源的，因为在图像空间内，目标占有的空间非常有限，大多数锚点被放置在与目标无关的区域，如天空或沙漠等。然而，在地面战场场景图像中，目标不是均匀分布的，物体的大小也与图像的内容、位置和场景的几何形状密切相关。显然，如果能够通过卷积神经网络的深度特征，通过语义信息将与目标无关的区域进行滤除，初步确定目标的疑似区域，在疑似区域内再确定目标的确切位置，能够减少大量的无效预测。在地面战场环境中，小尺度军事目标是极难检测的。前人针对小尺度目标的检测与识别进行了许多研究[12-15]。文献［12］通过增加网络输入图像的尺度来增加对小目标识别的精度，然而此种方式会增加识别时间。文献［13-15］通过构造特征变换，以生成具有多个低层特征的多尺度特征来识别小尺度目标，然而由于深度特征机理不明确，这种方式往往会导致大量的错误检测。

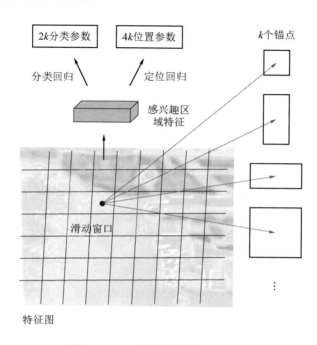

图 2-2 RPN 网络的锚点生成过程

在文献［16］中，具有高效特征表达的 Gabor［89，90］核被引入神经网络中，提出了快速学习的 Gabor 卷积神经网络（Gabor Convolutional Neural Network，Gabor CNN）深度模型，来节约神经网络训练过程中的计算消耗。针对地面战场环境中军事目标检测的困难以及传统算法的不足，本节提出基于多尺度 Gabor CNN 和语义引导的军事目标检测方法。针对传统检测滑动窗口和密集锚点方法浪费计算资源的问题，本节将地面军事目标形状先验信息融合到锚点设计中，改进已有的语义引导锚点，提出形状固定的语义引导锚点（Shape-Fixed Guided Anchors，SF-GA）。该锚点构造策略通过空间语义信息引导，能够有效滤除约 80% 的无地面军事目标的区域，有效减少错误推荐和计算消耗。针对地面军事目标尺度跨度范围大，小尺度目标难以检测的问题，基于 Gabor CNN 特征提取网络，本节构建多尺度表示网络（Multi-Scale Representation Network，MSRN）来对地面战场图像的深度特征进行提取，并在不同尺度的特征上运行不同尺度类别的锚点。相比于传统统一模板的方法，MSRN 既可以放大小尺度地面军事目标特征，提高检测召回率，又可以平衡检测效率。最后，在基于图像的装甲目标检测技术基础上，设计具有两种工作模式的军事多目标跟踪算法，分别用于常规跟踪与精细跟踪过程。

2.1.1　基于 Gabor 卷积神经网络与图像的装甲目标检测技术

针对地面战场环境中军事目标检测任务特点以及传统检测方法的不足，本节基于 Gabor 卷积神经网络和改进的引导锚点，提出地面战场中的军事目标快速检测方法。如图 2-3 所示，本节提出的方法主要包含一个多尺度表示网络 MSRN 与一个形状固定的引导锚点 SF-GA 生成模块。与单一尺度的网络模型不同，本节方法利用多尺度表示网络来适应军事目标的大尺度变化。首先，创建了一个图像金字塔，包括一个 2 倍插值图像和一个 0.5 倍插值图像。在 2 倍插值图像中，小尺度军事目标被放大，其特征更加明显。0.5 倍的插值图像可以压缩大尺度目标，提高检测效率。两种尺度的插值图像被输入共享的深度卷积神经网络中，进行特征提取与地面军事目标检测。具体的检测方法为：在小尺度模板上（用于 0.5 倍插值图像的通道），构建 A 类语义信息引导的形状固定锚点，用于检测高大于 48 个像素的地面军事目标；在大尺度模板上（用于 2 倍插值图像的通道），构建 B 类语义信息引导的形状固定锚点，用于检测高小于 48 个像素的地面军事目标。在不同尺度的模板得到不同分辨率下的检测结果。最后采用非极大值抑制，对不同尺度模板下的结果进行融合，输出最终检测结果。

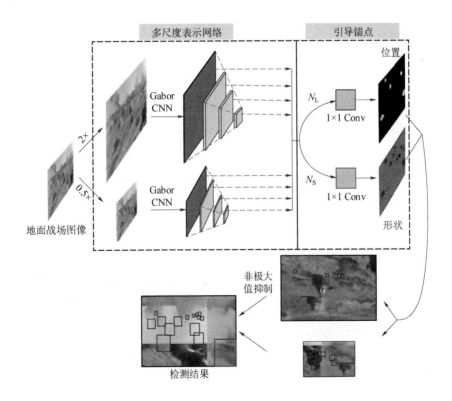

图 2-3　地面军事目标检测方法框架

1. 语义引导锚点位置预测

合理的锚点设计一般有两条原则：首先，锚点中心要与特征图像素对齐。其次，锚点的中心要尽量与目标的中心一致[17]。同时，锚的尺寸和数量要小一些。在包含所有目标前提下，锚点的数量越少，意味着回归和分类的计算量越少，即检测效率越高。在分步检测器中，用于回归锚点数量的减少，意味着分类与定位分支处理的感兴趣区域 ROI 特征的减少，有助于提升算法检测速度。采用目标的语义信息，引导包围框的预测，滤除不包含目标的无效区域，是减少锚点数量的可行途径。文献 [17] 提出了利用语义特征来引导锚点生成的方案。在该方案中，锚点的位置与形状均通过可学习的参数进行控制。目标的位置与形状可以用四元数组 (x,y,w,h) 来表示，其中，(x,y) 代表目标中心点坐标，(w,h) 分别代表目标的宽和高。对于图像 I 中任意目标，其位置和形状的分布可以表示为条件分布的形式，如式 （2-1） 所示：

$$p(x,y,w,h \mid I) = p(x,y \mid I)p(w,h \mid x,y,I) \tag{2-1}$$

由该条件分布可以看出，对于给定的图像 I，目标只存在于图像的某些区域内，并且当目标的位置确定后，其形状与位置密切相关。图 2-4 显示了传统引导锚点生成模块与应用。在每个深度卷积特征层中，该模块包含两个分支，即位置预测分支 N_L 和形状预测分支 N_S 组成的网络，分别用于目标位置预测和形状预测。对于给定的图像 I，F_I 为其任意一层特征图，其中分支 N_L 利用语义信息预测锚点中心的位置，生成每个位置的概率特征图，该过程可表示为：

$$p(\cdot \mid F_I) = f_L(F_I; \omega_S) \tag{2-2}$$

式中，ω_S 为锚点中心位置预测分支参数集合，f_L 通过一个 1×1 卷积和元素级 sigmoid 激活函数实现。在概率特征图内，每个像素点对应一个概率值 $p(i,j \mid F_I)$，该特征值代表对应的像素位置存在目标中心的概率。对于目标区域，其语义信息明显，概率值较大；对于背景区域，其语义信息薄弱，概率值较小。每个 $p(i,j \mid F_I)$ 对应坐标位置 $((i + 1/2)s,$ $(j + 1/2)s)$，其中 s 为该特征图的步长。对于每个位置的概率值，采用全局阈值 ε_L 来判定该位置是否可能是一个锚点的中心位置，可以表示为式 （2-3）：

$$\begin{cases} p(i,j \mid F_I) \geqslant \varepsilon_L & \text{（目标区域）} \\ p(i,j \mid F_I) < \varepsilon_L & \text{（背景区域）} \end{cases} \tag{2-3}$$

通过目标中心概率特征图与全局阈值 ε_L 确定目标中心可能的位置后，在每个满足条件的位置通过目标形状预测分支 N_S 预测目标包围框的形状。该分支与传统的包围框不同，它不会改变锚点的位置，也不会造成锚点和特征的错位。对于给定的图像 I，F_I 为其任意一层特征图，则在每个满足条件的位置通过目标形状预测分支 N_S 预测目标包围框的形状 (w,h) 的过程可表示为式 （2-4）：

$$w = \sigma \cdot s \cdot e^{dw}, h = \sigma \cdot s \cdot e^{dh} \tag{2-4}$$

式中，dw 与 dh 为形状预测分支 N_S 输出，s 为特征图的步长，σ 为经验系数。式（2-4）的非线性变换能够输出 $[0,1000]$ 到 $[-1,1]$ 的更稳定锚点形状。形状预测分支 N_S 通过一个双通道输出的 1×1 卷积与式（2-4）的非线性变换实现。与传统 RPN 中选用与原标记框具有最大交并比（IoU）的候选锚点为输出锚点形状的方式不同，引导锚点策略中，锚点的形状不是固定的。目标形状预测分支 N_S 在目标中心附近输出的锚点形状 (w,h) 为一系列接近原标记框 (w_g, h_g) 取值。为了获取唯一适合的包围框形状，在引导锚点策略中，通过定义形状变化锚点与原标记框的变化交并比（vIoU）确定最终的锚点形状，该过程可表示为式（2-5）：

$$\text{vIoU}(a_{wh}, g_t) = \max_{w > 0, h > 0} \text{IoU}(a_{wh}, g_t) \tag{2-5}$$

式中，$a_{wh} = \{(x_0, y_0, w, h) \mid w > 0, h > 0\}$ 为预测锚点，$g_t = \{(x_g, y_g, w_g, h_g) \mid w_g > 0, h_g > 0\}$ 为原标记框，IoU 为传统 RPN 中定义的交并比，区域交并比可表示为式（2-6）：

$$\text{IoU} = \frac{\text{area}(B_{\text{det}} \cap B_{gt})}{\text{area}(B_{\text{det}} \cup B_{gt})} \times 100\% \tag{2-6}$$

式中，B_{det} 指的是检测框的大小，B_{gt} 指的是数据库标定的检测目标的标定框大小。$\text{area}(B_{\text{det}} \cap B_{gt})$ 是这两个框重合区域的面积，$\text{area}(B_{\text{det}} \cup B_{gt})$ 指的是两个框合并后的总面积。对于目标中心可能位置 (x_0, y_0)，传统引导锚点通过在满足中心条件的区域内对 (w, h) 随机采样，并计算最大的变化交并比作为最终的锚点形状，如图 2-4 所示。

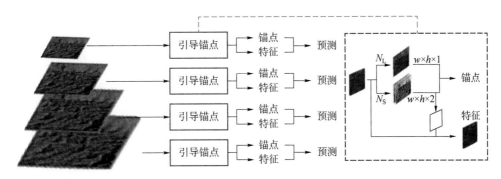

图 2-4　传统引导锚点生成模块

2. 先验信息辅助的锚点形状预测

在确定了军事目标可能的位置后，下一步是确定每个位置引导锚点形状。一个合适的锚点应该尽可能完整包含一个目标，而包含很少的背景。由式（2-1）可知，在图像内，锚点的形状与其所在的位置高度相关，因此，可以在军事目标可能的位置上确定其锚点的形状。与其他目标不同，军事目标具有规则的外形，例如装甲目标在设计外形时，考虑其机动性与隐蔽性，会尽量降低高度，保持固定的长宽比。将形状先验信息整合到锚点设计中，可以节约计算量，提高检测效率。本节提出的改进引导锚点模块如图 2-5 所示。

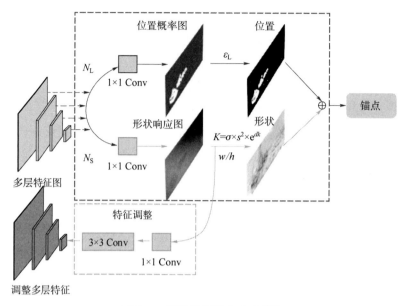

图 2-5　改进引导锚点生成模块

在本节的地面军事目标检测方法中，使用与传统引导锚点相同的方式确定目标中心可能的位置，如式（2-3）所示。根据每个位置的概率值和全局阈值，可以确定包含军事目标的激活区域，即概率值大于全局阈值 ε_L 的区域，可能存在军事目标，可以通过该语义信息引导锚点的生成，对于概率值小于全局阈值 ε_L 的区域，予以滤除。该过程能够滤除 80% 的无效区域，同时保证相同的召回率。但在锚点的形状确定中，本节基于地面装甲军事目标形状的先验特征，提出基于形状先验信息辅助的改进引导锚点生成模块。图 2-6 显示了 GMTD 中军事目标的形状统计，该统计通过真实包围框的尺度代表目标的尺度。其中，横坐标表示真实包围框的面积大小，纵坐标表示高宽比，图中的红线表示该高宽比的趋势线。在 GMTD

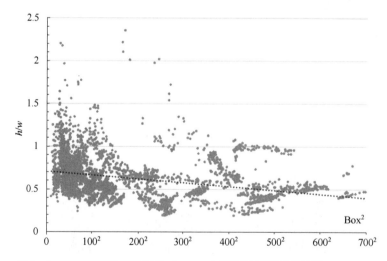

图 2-6　地面军事目标数据集 GMTD 中军事目标的形状统计（附彩插）

中，装甲目标尺度范围从 10×10 像素到 700×700 像素以上，目标尺度范围广泛。显然，使用大量的固定锚点来覆盖装甲目标是一种计算效率低下的方法。但装甲目标高宽比有明显规律：高宽比沿等高线分布为 0.5，区间为 $[0.25, 2.5]$，对应地面军事目标的实际尺寸规律。

根据真实包围框的规则形状，锚点形状设计如式（2-7）所示：

$$h/w = 0.25, 0.5, 0.75, 1, 1.5, 2, 2.5 \tag{2-7}$$

这种锚点的形状增强了对高宽比约为 0.5 的军事目标的检测能力。在 $[0.25, 1]$ 区间内，采用 0.25 差值，在 $[1, 2]$ 区间内，采用 0.5 差值，同时增加了比值 2.5 用于适应特殊尺度的高宽比。在锚点形状预测分支 N_S 内，单通道映射将特征图输出为锚点形状响应图，为了得到稳定的输出结果，每个像素点对应形状响应值 dk 取值区间为 $[0, 1]$，最后采用元素级变换，将形状响应值 dk 转换为锚点的面积响应，该变换可表示为式（2-8）：

$$K = \sigma^2 \cdot s^2 \cdot e^{2dk} \tag{2-8}$$

式中，σ 为经验比例因子（本书试验中取 $\sigma = 64$），s 为特征图步长。该线性变换将形状响应值输出空间投影到稳定的 $[0, 10^6]$ 之间，能够覆盖所有面积取值范围。最终，根据面积和高宽比，确定锚点的形状。在实现过程，对特征图 F_I 进行 1×1 卷积得到形状响应图，7 种锚点的形状是由面积 K 和比值 h/w 决定的。在 7 种锚点中，通过计算每个锚点的变化交并比（vIoU）确定最终的锚点形状。

3. 军事目标语义辅助

语义信息被定义为超出对象范围的图像特征[18-19]，这些特征往往与目标本身高度相关。人类寻找小物体的能力与大脑对目标和背景关系的推断有关。受此启发，语义信息被发现有助于小尺度目标的检测。图 2-7 显示了战场上军事目标的一些示例。除了目标本身的特征外，目标周围的背景信息也可能决定它是否为军事目标。这些语义信息包括目标所属的装甲团簇、目标周围的其他目标、目标发射时的炮口火焰和烟雾、目标移动时携带的灰尘等，所有这些环境都提供了额外的信息来确定地面军事目标。

图 2-7　带有语义信息的地面军事目标示例

大尺度目标特征丰富，易于检测，这在传统方法中得到了验证。然而，远程军事目标尺度往往小于 32×32 像素，采用传统检测方法难以检测这些小尺度军事目标，原因是这些目标包含的特征极少，不足以输出可区分性深度特征。并且，当目标尺寸小于 16×16 像素时，经过多次向下采样处理后，其特征图的空间分辨率可能小于 1×1 像素，这意味着深度卷积网络对这些目标进行了"忽略"，其特征图对检测和识别是无效的[11]。语义信息可以弥补小尺度目标特征，改进小尺度军事目标检测。图 2-8 显示了本书针对不同尺度军事目标的语义策略。图 2-8（a）针对高度小于 48 像素的军事目标添加语义框；图 2-8（b）为高度大于 48 像素的军事目标无语义框。相比于无语义的检测器与全尺度目标增加语义的方式，本书策略兼顾了检测性能和效率。

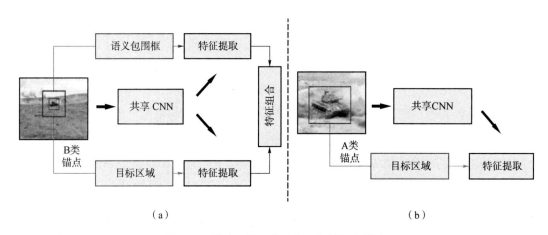

图 2-8　针对不同尺度军事目标的语义策略

4. 多尺度军事目标表示网络

针对多数目标检测方法，使用的网络尺度难以同时满足小尺度目标检测精度和效率的需求。为了平衡小尺度目标的检测能力与检测效率，本节使用多尺度表示网络（Multi-Scale Representation Network，MSRN）来适应不同尺度的装甲目标。如图 2-9（a）所示，在如 Faster R-CNN 的多数目标检测算法中，多种尺度的锚点被用于固定尺度的特征提取网络中。然而，为了达到较高的检测准确率，该方法通常使用精细的网络与大量的锚点，导致检测效率低下。并且，同时适用于多尺度军事目标的固定尺度网络和锚点的尺度难以确定。一方面，使用高分辨率图像和小尺度锚点可以提升小尺度目标的检测能力；另一方面，使用低分辨率图像和大尺度锚点可以提高检测的效率。如图 2-9（b）所示，本节构建不同尺度的网络和不同类别的锚点用于检测不同尺度的军事目标。多尺度网络包括输入尺寸为 2 倍插值图像的网络与 0.5 倍插值图像的网络。在 2 倍插值图像中，小尺度军事目标的特征更加明显。0.5 倍图像可以压缩大尺度目标，提高检测效率。本节运行 A 类引导锚点于输入尺度为低分辨率图像的网络，用于检测高大于 48 像素的军事目标。相应地，运行 B 类引导锚点于输入尺度为高分辨率图像的网络，用于检测高小于 48 像素的军事目标。在高分辨率网络上同时运行大小锚点会导致检测效率低下；相反，在低分辨率图像上同时运行两种锚点会导致细节信息的缺乏，造成小尺度装甲目标检测效果较差。因此，本节的多尺度表示网络兼顾了检测效率和小尺度军事目标的检测能力。

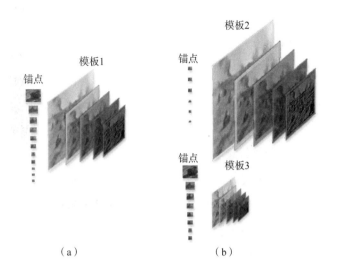

（a）　　　　　　　　　　　　　（b）

图 2-9　网络和锚点尺度方案

本节采用深度残差网络结构的 Gabor CNN 作为骨干网络构造多尺度军事目标表示网络。深度残差网络（Residual Neural Network，ResNet）在文献［20］中被提出，它的残差模块结构可以极快地加速超深神经网络的训练，模型的准确率也有非常大的提升。与传统直线连接的卷积神经网络相比，ResNet 采用旁路的支线将输入直接连到后面的层，使得后面的层可以直接学习残差，这种结构也被称为捷径连接（Shortcut Connections）。捷径连接弥补了传统卷积层或全连接层在信息传递时的信息丢失、损耗等问题，通过直接将输入信息绕道传到输出，保护信息的完整性，整个网络则只需要学习输入、输出差别的那一部分，简化学习目标和难度。采用捷径连接的残差模块如图 2-10 所示。

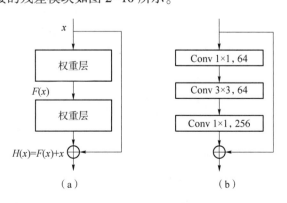

（a）　　　　　　　　　　　　　（b）

图 2-10　残差模块示意图

假定某神经网络的输入是 x，期望输出是 $H(x)$，传统卷积神经网络需要将输入非线性映射到输出，学习难度大。但通过残差模块的捷径连接后，如图 2-10（a）所示，学习的目标转化为 $F(x) = H(x) - x$，最优解变为 $H(x)$ 和 x 的插值，此种方式稳定易学习。如图 2-10（b）所示，当残差模块包含的卷积层大于 2 时，由于残差计算需要保证输入与输出具有相同的维度，因此，此时残差模块采用先降维再升维的操作，降低计算复杂度。

2.1.2 验证试验与装甲车辆目标检测应用效果分析

1. 军事目标多尺度表示网络性能分析

绝大多数目标检测使用固定尺度的网络模型。然而，网络输入的大小往往决定了检测的结果。一方面，使用高分辨率图像和小尺度锚点可以检测到较小的目标；另一方面，使用低分辨率图像和大尺度锚点可以提高检测的效率。在本节中，适用于军事目标的多尺度表示网络（MSRN）被提出。首先，创建了一个图像金字塔，包括一个 2 倍插值图像和一个 0.5 倍插值图像。然后分别将两种图像输入共享 CNN 网络生成图像特征金字塔，并在 0.5 倍插值图像的深度特征上运行 A 类引导锚点，用于检测高大于 48 像素的军事目标。相应地，在 2 倍插值图像的深度特征上运行 B 类引导锚点，用于检测高小于 48 像素的军事目标。为了证明多尺度表示网络（MSRN）的有效性，本节设计如下试验：使用两个固定尺度的网络模型作为基准，包括一个全尺寸图像输入的网络模型（S-NT1）和一个 2 倍插值图像输入的网络模型（S-NT2）。在每种尺度的网络模型中，锚点的比例与插值比例相同，例如 2 倍插值图像对应 2 倍尺寸的锚点。

在试验中，本节利用召回率和检测时间对军事目标检测方法进行了定量评价。召回率（Recall）是检测器实际预测的被标记为正的样本数量的比例，如式（2-9）所示：

$$Recall = \frac{tp}{tp + fn} \tag{2-9}$$

式中，tp 代表检测正确的正样本数量，fn 代表检测错误的正样本数量。tp、fn、fp 和 tn 之间的关系如表2-1所示。

表 2-1　tp、fn、fp 和 tn 之间的关系

预测值　　　真实值	正样本	负样本
正样本	tp	fn
负样本	fp	tn

鉴于锚点的形状，本节使用 $A_\alpha(w,h)$ 代表用于 α 倍插值图像深度特征上的引导锚点集合，例如，$A_1(32,32)$ 和 $A_2(64,64)$ 均用于检测 32×32 像素大小的地面军事目标。不同点在于，$A_1(32,32)$ 用于全尺寸图像输入的网络模型（S–NT1）中，而 $A_2(64,64)$ 用于 2 倍插值图像输入的网络模型（S–NT2）中。为了选择合适的网络模型和锚点的尺度，本节使用 $A_{0.5}(w,h)$、$A_1(w,h)$ 和 $A_2(w,h)$ 在所有目标尺度范围检测地面军事目标，$A_{0.5}(w,h)$ 用于 0.5 倍插值图像输入的网络模型，$A_1(w,h)$ 用于全尺寸图像输入的网络模型，$A_2(w,h)$ 用于 2 倍插值图像输入的网络模型。每个分辨率的网络模型与引导锚点性能如图 2–11 所示。橙色曲线代表使用 $A_2(w,h)$ 与 2 倍插值图像输入的网络模型，蓝色曲线代表 $A_1(w,h)$ 与全尺寸图像输入的网络模型，灰色曲线代表 $A_{0.5}(w,h)$ 与 0.5 倍插值图像输入的网络模型。对于小于 48×48 像素的地面军事目标，使用 $A_2(w,h)$ 与 2 倍插值图像输入的网络模型的目标召回率更高，这是因为 2 倍插值图像放大了小尺度目标的局部特征，弥补了小尺度地面军事目标特征的不足。然而，当目标尺度大于 48×48 像素值时，其目标召回率低于全尺寸图像与 0.5 倍插值图像输入的网络模型，这是由于插值方法进一步放大了大尺度地面军事目标，使得大尺度目标的特征趋于平滑，影响其检测效果。当目标尺度大于 48×48 像素值时，使用 0.5 倍插值与全尺寸图像输入的网络模型召回率基本相同，这说明当目标尺度较大时，使用 0.5 倍插值缩小图像比例并不会影响目标的检测效果。并且，前者的计算消耗远远小于后者。因此，本节使用 $A_{0.5}(w,h)$ 与 0.5 倍插值图像输入的网络模型检测尺度大于 48×48 像素值的地面军事目标，使用 $A_2(w,h)$ 与 2 倍插值图像输入的网络模型检测尺度小于 48×48 像素值的地面军事目标。

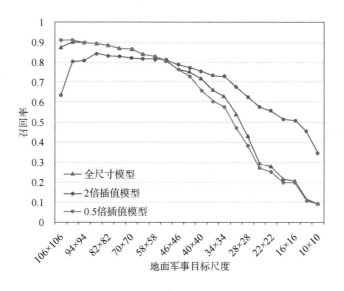

图 2–11　不同尺度网络模型与引导锚点性能分析 (附彩插)

为了对不同大小的军事目标进行评估，分析算法优劣性，根据目标尺寸大小将 GMTD 分为三个不同的子集：小尺度地面军事目标（目标 < 32 × 32 像素）、中尺度地面军事目标（32 × 32 像素 < 目标 < 96 × 96 像素）和大尺度地面军事目标（目标 > 96 × 96 像素）。表2-2显示了三个子集中不同模型有无引导锚点的检测召回率。对比表2-2第1、5行可知，与全尺寸图像输入的网络模型（S-NT1）相比，多尺度表示网络（MSRN）显著提高了小尺度地面军事目标和中尺度地面军事目标的召回率。这是因为2倍插值图像弥补了小尺度地面军事目标特征的不足。对比第3、5行可知，与2倍插值图像输入的网络模型（S-NT2）相比，MSRN 在大尺度地面军事目标检测上表现更好，MSRN 提高了其召回率。这一结果表明，进一步放大大尺度地面军事目标可能会使局部特征变得模糊，难以区分，这一点也可以从S-NT1和S-NT2 的大尺度地面军事目标结果对比（第1、3行的最后一列对比）中得到证明。此外，MSRN 相比于S-NT2 网络模型，在2倍插值图像输入上运行所有锚点的方式更高效，原因是在低分辨率图像上检测大尺度装甲目标，既能满足检测需求，又降低了计算消耗。综上所述，多尺度表示网络（MSRN）要优于尺度归一化方法。

表 2-2　在 GMTD 数据集上三个子集的不同网络模型召回率

模型	小尺度目标	中尺度目标	大尺度目标
S-NT1	43.7%	68.6%	89.1%
S-NT1+引导锚点	45.2%	67.3%	85.0%
S-NT2	68.5%	80.4%	84.6%
S-NT2+引导锚点	68.3%	81.4%	81.5%
MSRN	69.2%	81.2%	92.7%
MSRN +引导锚点	68.5%	80.8%	92.8%

2. 军事目标语义信息评价

为了进一步验证本节方法中上下文语义信息融合对于地面军事目标检测的有效性，本节进行了一项包含多种上下文融合策略的试验。图2-12 显示了不同尺度上下文语义信息融合接受域对地面军事目标检测召回率的影响。图中，Res$N$ 代表 ResNet 网络中，第 N 层特征层上的深度特征。例如，浅绿色虚线框 Res2 代表 ResNet 网络中第2层特性层的深度特征。浅蓝色 = Res3，深蓝色 = Res4，紫色 = Res5。红色方框代表特征层中实际的装甲目标特征位置。图2-12 第1行为 20 × 25 像素的小尺度地面军事目标在不同语义策略下召回率的变化，第2行为 180 × 200 像素的大尺度地面军事目标在不同语义策略下召回率的变化。由第1行由左至右可知，在小尺度地面军事目标上添加上下文可以显著提高召回率，其原因是，更高层次的卷积层特征往往具有更大的接受域，这意味着围绕装甲目标的上下文信息更多。对于小尺度装甲目标，在 Res4 + Res3 + Res2 方案中取得了较好的效果，进一步添加 Res5 后召回率下降，这是由于过度拟合。然而，对于感受域完全覆盖的大尺度军事目标，增加语义信息的优势并不明显。如图 2-12 第 2 行所示，当接受域只能覆盖大尺度军事目标的部分时，召回率较低，这是由于只有小尺度感受野时，整个军事目标的全貌是不可见的，目标的部分特征难以输出可靠的结果。当大尺度军事目标被感受野完全覆盖时，召回率非常高，这证明了大尺度军事目标具有足够的特征，更容易被检测到。因此，将背景信息仅用于小型装甲目标检测是合理的。基于试验结果，本节的语义策略为 Res4 + Res3 + Res2 方案。

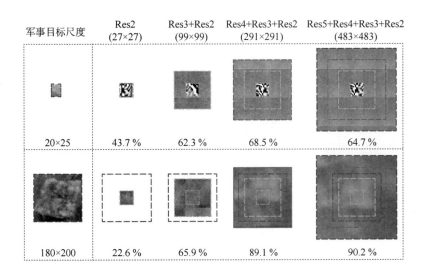

图 2-12　不同尺度接受域对地面军事目标检测召回率的影响（附彩插）

3. 改进语义引导锚点评价

区域锚点是现代目标检测技术的基石，为了保证足够高的召回率，传统方法中使用了大量的锚点。显然，这个方案是非常浪费计算资源的，因为大多数锚点被放置在与目标无关的区域。本节引入形状固定的引导锚点方案替代传统 RPN 中滑动窗口的锚点方案。为评估本节的语义引导锚点 SF-GA 方案，试验比较了 SF-GA 与 RPN 基准及其他区域建议方法的平均召回率（AR）和锚点数量。与文献［18］相同，本节的 RPN 基准使用1个尺度和 3 个高宽比的锚点。与文献［17］相同，本节的"RPN+9"代表每个特征层使用3 个尺度和 3 个高宽比的锚点。为了控制变量，在锚点中不添加语义信息，并且按比例标准化模板。表 2-3 显示了 GMTD 数据集上的三个子集的试验中不同方法的平均召回率。通过对比得知，与其他方法相比，形状固定引导锚点对中小尺度装甲目标的召回率要高得多。具体来说，RPN 的方法和 SF-GA 的方法要强于传统滑窗的方法。SF-GA 在小尺度军事目标上，比 RPN 基准和"RPN+9"的召回率分别提高了 5.6% 和 6.8%。在中尺度军事目标上，比 RPN 基准和"RPN+9"的召回率分别提高了 7.0% 和 6.4%。试验结果表明，形状固定的引导锚点 SF-GA 相比于 RPN 基准，对中小尺度军事目标具有较好的推荐能力。

表 2-3 GMTD 数据集上三个子集的不同方法平均召回率

方法	网络模型	小尺度 AR	中尺度 AR	大尺度 AR
文献[18]	ResNet-50	6.1%	50.5%	66.2%
文献[19]	VGG-16[20]	31.5%	63.2%	77.5%
RPN	ResNet-50	43.7%	68.6%	89.1%
RPN+9	ResNet-50	42.5%	69.2%	88.3%
SF-GA	ResNet-50	49.3%	75.6%	88.6%

图 2-13 显示了 RPN 和本节提出的 SF-GA 中实际锚点的示例。图 2-13（a）为带有滑动窗口的 RPN 中的锚点中心。图 2-11（b）为 SF-GA 锚点中心。与 RPN 基线相比 SF-GA 可以过滤掉 80% 以上的天空、草地等无效区域，同时保证较高的召回率。锚点中心密集地集中在装甲目标周围，通过减少锚点的数量，可以减少池化和回归的冗余特征，提高了网络的整体精度和效率。

（a）   （b）

图 2-13 RPN 和 SF-GA 中实际锚点中心示例

（a）RPN；（b）SF-GA

4. 检测方法总体评价

本节提出了一种针对地面战场军事目标的快速检测方法，包括一个新型多尺度表示网络 MSRN 和一个形状固定的引导锚点方案 SF-GA。为了验证提出的方法，本节比较了基于 ResNet-50 的传统引导锚点检测，较为流行的目标检测算法以及本节提出的方法，在 GMTD 的三个子集的平均召回率（AR）以及准确率，对比试验结果总结为表 2-4。由表可知，Fast R-CNN 和 Faster R-CNN 在大尺度军事目标上表现良好，但中小尺度军事目标的平均召回率和准确率较低。与基于 ResNet-50 的传统引导锚点检测相比，本节提出的快速检测方法提高了小尺度军事目标 19.5% 的召回率与 1.7% 的准确率，提高了中尺度军事目标 7.8% 的召回率与 4.7% 的准确率。这种提升是因为高分辨率模板放大了小尺度军事目标的局部特征，同时添加语义信息，使小尺度军事目标更易于检测。同时，本节方法对大尺度军事目标也有改进，这说明适当减小尺度能够细化大尺度军事目标特征，有助于提高对特大尺度军事目标的检测。与文献 [21] 的方法相比，本节方法在平均召回率和准确率方面表现更好。本节模型对小尺度、中尺度和大尺度军事目标的返回值分别为 89.2%（文献［21］为 84.2%）、95.4%（文献［21］为 91.1%）和 92.0%（文献［21］为 88.3%），对小尺度与中尺度军事目标的召回率分别提高了 5% 和 4.3%。

综上所述，本节方法在中小尺度的军事目标检测中具有明显的优越性。

表 2-4　本节地面军事目标检测方法与其他方法的比较

方法	小尺度目标	中尺度目标	大尺度目标
Fast R-CNN（召回率）	43.7%	68.6%	89.1%
Fast R-CNN（准确率）	71.1%	79.2%	80.4%
Faster R-CNN（召回率）	47.3%	81.2%	91.1%
Faster R-CNN（准确率）	21.9%	63.6%	81.3%
文献[21]（召回率）	84.2%	91.1%	88.3%
文献[21]（准确率）	79.4%	89.2%	91.1%
传统引导锚点（召回率）	69.7%	87.6%	89.2%
传统引导锚点（准确率）	78.3%	85.4%	90.5%
本节方法（召回率）	89.2%	95.4%	92.0%
本节方法（准确率）	80.0%	90.1%	91.8%

图 2-14 给出了不同方法在 GMTD 三个子集上的召回率-精度曲线对比。

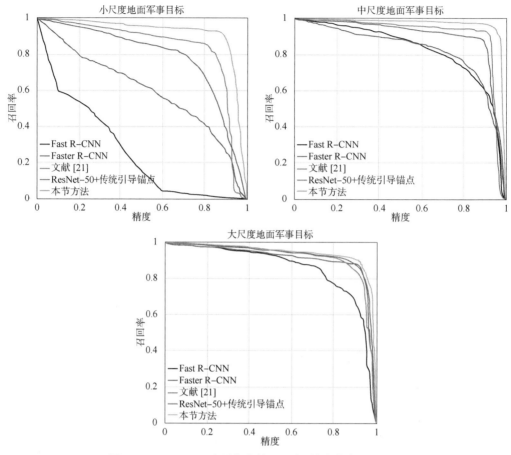

图 2-14　GMTD 三个子集上的召回率–精度曲线（附彩插）

　　图 2-15 显示了本节方法在 GMTD 测试数据集上检测结果示例。示例中军事目标面临复杂的背景以及大尺度的变化。由图可知，本节提出的方法能够成功检测 GMTD 数据集中绝大多数军事目标，满足实际检测需求。

图 2-15　GMTD 测试数据集上结果示例

2.1.3 基于 Gabor 卷积神经网络与视频的装甲目标检测技术

地面军事多目标跟踪（Military Multi-Target Tracking, MMTT）是无人机（UAV）、装甲侦察车（ARSV）等平台应具备的最基本的能力之一，在战场态势感知中起着至关重要的作用。多目标跟踪（Multi-Object Tracking, MOT）需要对目标进行一定程度的推理，建立帧与帧之间的目标对应关系。基于数字图像传感器的军事多目标跟踪是研究的热点。通过对军事多目标的精确跟踪，实现对战场态势的准确把握。图 2-16 对比显示了常规车辆跟踪数据库 KITTI 和军事多目标跟踪数据库 MMOT 中典型的帧示例。与一般的多目标跟踪问题相比，地面军事多目标跟踪具有以下特点：

图 2-16 常规车辆跟踪数据库 KITTI 和军事多目标跟踪数据库 MMOT 中典型的帧示例对比

（1）跟踪系统需要具有处理多目标遮挡和插入的能力。数字图像传感器的感受域有限，这意味着多目标遮挡和插入是常见的。在感受域，军事目标的出入会导致边界的插入，而战场上军事多目标的空间位置重叠、火光、烟雾会导致装甲目标的遮挡。

（2）对小尺度地面军事目标的跟踪能力要求很高。地面的攻击距离通常超过几百米甚至一千米，这就需要视觉跟踪系统在更远的距离进行跟踪。这对于传统的识别—跟踪策略是很大的挑战。

（3）跟踪系统需要具有较强的鲁棒性和效率。战场环境与一般场景不同，包括丛林、沙漠、草地在内的地面战场比一般场景更为复杂。瞬息万变的战场态势，高速运动的地面军事目标对系统的效率要求更高。

目标跟踪的算法可以分为适用于单目标跟踪的算法[22-24]和适用于多目标跟踪的算法[25-27]。目前，单目标跟踪算法大都是采用视频提供的真实信息训练一个有鉴别力的分类器，然后通过在线更新的方式来实现目标的跟踪。与单目标跟踪不同，目标的遮挡重叠、新目标的边界插入是多目标跟踪的研究重点[28-29]。若简单应用单目标跟踪算法于多目标跟踪任务中，新目标的插入需要实时手动标注真实信息，因此，单目标跟踪方法不能简单应用于地面军事多目标跟踪任务中。目前，大多数优异的多目标跟踪算法均采用检测—跟踪的两步过程[30-32]。第一步利用离线训练的检测识别模块对潜在的目标进行定位识别，第二步对潜在目标进行评价并在不同帧中进行关联。目标检测与识别是地面军事多目标跟踪的基础，并且基于深度卷积神经网络的离线模块在多目标跟踪检测识别阶段得到了广泛的应用[33-34]。

目标跟踪与识别任务的区别在于，目标跟踪需要对目标进行一定程度的推理，并且，此种推理关系可以帮助目标跟踪在视频帧中实现对地面军事目标的检测与识别。例如，一段时间内的地面军事目标在视频中的空间位置是连续的，可以通过分析目标在历史帧中的运动轨迹，预测目标在新一帧中的位置。因此，可以通过目标跟踪的这种推理关系，简化地面军事多目标的检测过程，从而实现识别与跟踪效率的提升。此外，在连续的视频帧中，地面军事目标可能被其他目标、树木或建筑等遮挡，这就要求跟踪算法能够对地面军事目标的外观特征进行评价，当目标逐渐被遮挡时，通过定量的参数评价目标被遮挡的程度，并且当目标被完全遮挡时，能够在一定程度上对目标的可能位置进行预测。

目前，大多数优异的多目标跟踪算法均采用识别—跟踪的策略，即通过检测识别算法在视频的每一帧中找到目标的候选区域，再对候选区域进行评价，完成视频中目标的识别与跟踪。然而，大多数算法忽略了视频中目标的历史信息。本节在 2.1.1 节中基于图像的装甲目标检测技术基础上，设计具有两种工作模式的军事多目标跟踪算法，分别用于常规跟踪与精细跟踪过程。并基于军事目标的外观特征，设计针对单个目标的在线训练 Gabor 卷积神经网络（Gabor CNN）模型，对每个地面军事目标外观遮挡情况进行评价，根据评价结果选用工作模式。然后，设计一种新型时间机制，通过平衡当前和历史帧对在线 Gabor CNN 模型进行更新。最终，通过每个目标的在线评价结果，结合一种新型的运动模块，实现地面军事多目标的快速识别与跟踪。

1. 算法框架

针对地面战场的军事多目标跟踪问题，本节利用空间语义信息的目标检测与识别方法，结合时间机制，提出一种检测—跟踪策略。如图 2-17 所示，该地面军事多目标跟踪方法包含：（a）多尺度表示网络 MSRN，用于提取地面战场图像的深度特征；（b）形状固定引导锚点，模块 SF-GA 用于实现多尺度地面军事目标的定位；（c）基于深度生成对抗网络（Deep Generative Adversarial Network，GAN）的多尺度地面军事目标识别模块；（d）在线评价模块，用于评价目标的遮挡情况；（e）辅助目标推荐的运动模型，用于常规跟踪的目标定位；以及（f）辅助在线模块训练的时间模型，利用时间机制训练在线模块。

　　本节的军事多目标跟踪方法共有两种工作模式，模式 1 为：蓝色箭头至绿色箭头的过程为离线模块工作过程，即图 2-17（a）、（b）、（c）、（d），用于新目标插入与跟踪初始阶段。2.1.1 节中的目标检测识别方法用于离线推荐候选目标，多尺度表示网络和形状固定引导锚点代替单一尺度的网络模型和密集锚点方案来预测边界框中心，过滤掉不包含目标的无效区域（如天空、草地），确定目标可能存在的疑似区域与目标的形状，解决新目标在边界附近的插入问题，在保证效率的同时提高网络检测小尺度地面军事目标的能力。在确定了疑似目标的位置与形状后，利用 GAN 的生成器对小尺度地面军事目标图像进行重构，利用生成器对地面军事目标进行分类识别。最后，利用在线训练的特定目标 CNN 构造的目标评价模块，对目标的遮挡情况进行评价。模式 2 为：蓝色箭头至红色箭头的在线工作过程，即图 2-17（a）、（e）、（d），用于无新目标插入与稳定跟踪过程。一种新型的运动模块代替了传统的线性运动模块，充分考虑目标可能的运动状态，通过分析当前和历史帧来辅助确定目标的形状与位置。利用在线训练的特定目标 CNN 构造目标评价模块，评价候选区域内目标的外观特征，当确定无被遮挡的目标时，实现地面军事目标的快速跟踪。时间模型（f）通过平衡历史帧和当前帧的正样本和负样本来更新在线候选区域评价模块，当目标被遮挡时，着重利用历史帧保持在线模块分类能力，当目标未被遮挡时，使用目标外观特征更新在线模块。在初始跟踪阶段，采用传统的检测—跟踪策略，逐帧对地面军事目标进行跟踪，并进行在线模块与运动模型的构建。当处于跟踪稳定阶段，采用效率更高的方式对地面军事目标进行跟踪。

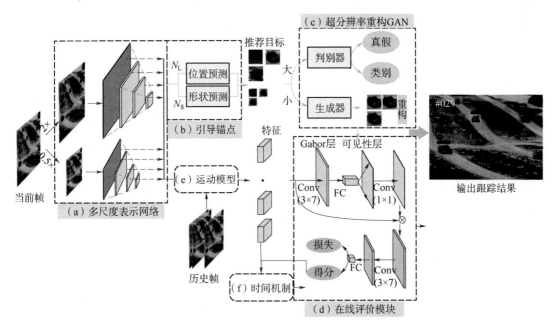

图 2-17　基于时空机制军事多目标跟踪框架（附彩插）

2. 在线目标评价模块

检测是基于检测—跟踪策略的军事多目标跟踪方法的基础。基于稳定的检测结果，边界附近插入新的目标和场景中目标的消失可以得到解决。然而，与检测与单目标跟踪任务不同，多目标的遮挡是多目标跟踪算法需要解决的问题。图 2-18 分别显示了地面战场环境中的军事目标被异种和同种目标遮挡前后，目标位置的引导锚点预测响应。图 2-18（a）为目标被遮挡前，目标位置的引导锚点预测响应。此时响应值能够区分目标区域与背景区域。图 2-18（b）为目标被遮挡后，目标位置的引导锚点预测响应。当地面军事目标被同种目标遮挡时，采用检测策略会把遮挡物视为跟踪的目标，使跟踪器逐渐漂移到遮挡物；当目标被战场环境的建筑、火光和烟雾遮挡时，检测算法会忽略目标，无法预测其实际位置。

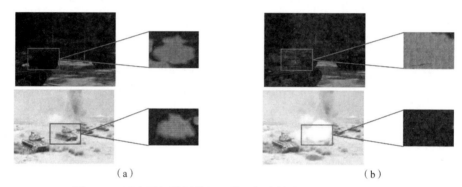

（a）   （b）

图 2-18　军事目标被异种和同种目标遮挡前后锚点预测的响应

为了解决地面军事多目标跟踪中的遮挡问题，本节在线候选目标评价模块，利用在线训练的针对单个目标的 Gabor CNN，输出目标可见性特征图，评价目标被遮挡的概率。用 C^k 代表运动模型或 2.1.1 节中检测识别算法推荐的候选目标，在第 t 帧中其状态可表示为式（2-10）：

$$\boldsymbol{X}_t^k = \left[x_t^k, y_t^k, w_t^k, h_t^k \right] \tag{2-10}$$

式中，(x_t^k, y_t^k) 代表候选目标的中心位置，其中 w_t^k 和 h_t^k 代表候选目标的宽和高。用 $\boldsymbol{\Phi}_{\mathrm{roi}}(\boldsymbol{X}_t^k) \in \mathbb{R}^{w \times h \times c}$ 代表第 k 个候选目标 C^k 的特征，则利用候选目标内目标特征，评价其遮挡情况，生成可见性特征图[35]，如式（2-11）所示：

$$\boldsymbol{V}_{\mathrm{vis}}(\boldsymbol{X}_t^k) = f_{\mathrm{vis}}(\boldsymbol{\Phi}_{\mathrm{roi}}(\boldsymbol{X}_t^k); \boldsymbol{\omega}_{\mathrm{vis}}^k), \boldsymbol{V}_{\mathrm{vis}}(\boldsymbol{X}_t^k) \in \mathbb{R}^{w \times h} \tag{2-11}$$

式中，$\boldsymbol{\omega}_{\mathrm{vis}}^k$ 为第 k 个单个目标 Gabor CNN 的可视化层参数集合。$f_{\mathrm{vis}}(*)$ 通过一个包含 32 个 Gabor 卷积核的 3×7 卷积和输出大小为 $w \times h$ 的全连接层实现。通过可视化特征图，计算第 k 个候选目标内可见性得分 p_t^k，该过程可表示为式（2-12）：

$$p_t^k = f_{\mathrm{cls}}(\boldsymbol{\Psi}_{\mathrm{ref}}(\boldsymbol{X}_t^k); \boldsymbol{\omega}_{\mathrm{cls}}^k), p_t^k \in [0, 1] \tag{2-12}$$

式中，$\boldsymbol{\omega}_{\mathrm{cls}}^k$ 为第 k 个单个目标 Gabor CNN 的可见性分类层参数集合。$f_{\mathrm{cls}}(*)$ 通过一个包含 32 个卷积核的 3×7 卷积和输出大小为 1 的全连接层实现。$\boldsymbol{\Psi}_{\mathrm{ref}}(\boldsymbol{X}_t^k) \in \mathbb{R}^{w \times h \times c}$ 代表第 k 个候

选目标 C^k 的优化特征，该优化特征的生成可表示为式（2-13）：

$$\Psi_{ref}(X_t^k) = \Phi_{roi}(X_t^k) \circ f_{con}(V_{vis}(X_t^k);\omega_{con}^k) \qquad (2-13)$$

式中，$\circ$ 代表通道级 Hadamard 操作，f_{con} 代表带有 Softmax 激活函数的连接层，ω_{con}^k 为第 k 个特定目标 Gabor CNN 的连接层参数。

图 2-19 显示了多目标遮挡和生成的可见性特征图示例。红色虚线框围绕着被遮挡的军事目标轮廓，上标数值为目标可见性得分，蓝色边框内展示了该区域的可见性特征图，高热度区域为目标部分，低热度区域为背景或遮挡物。如图最后 4 列，当军事目标被背景遮挡时，在离线训练的分类器中，其分类参数很低，可以用于评价目标的遮挡情况。然而，在第 1 列中，军事目标被同类型目标遮挡，其离线分类器得分仍然很高，不能用于评价该军事目标的遮挡情况。在生成的可视化特征图中，即使跟踪的军事目标被同类目标遮挡，目标的遮挡情况仍然被合理地评价。为了区分目标的遮挡情况，本章引入阈值 p_0，当可见性得分 $p_t^k < p_0$ 时，则认为跟踪的军事目标被遮挡，其外观特征不能用于更新在线训练的 Gabor CNN 模块，当可见性得分 $p_t^k \geq p_0$ 时，则认为目标未被遮挡，其外观特征可以用于更新在线模块。

图 2-19　多目标遮挡和生成的可视化特征图示例（附彩插）

3. 运动模型

在地面军事多目标跟踪算法中，当目标的外观特征受到污染时，离线检测的结果是不可靠的。运动模块通过分析目标在历史帧中的运动轨迹，预测目标在当前帧中的空间位置。大多数单目标跟踪算法不考虑运动模块，然而，在多目标跟踪问题中，运动模块能够提供额外的时间、空间信息，实现多目标在不同帧之间的对应。在大多数的多目标跟踪应用中，使用简单的线性运动模块来估计目标状态。这种运动模块可能会在目标快速转弯、突然停止或反向驱动时造成跟踪的丢失。为了充分考虑目标可能的运动状态，本章提出了一种新型运动模块来定位目标的候选目标，实现多目标在不同视频帧中的对应。考虑到跟踪过程中地面军事目标的变化，本节提出的运动模型包括目标位置和形状预测。若 $k-1$ 帧中，目标在视频帧中的速度为 v_{t-1}^k，k 帧中目标在视频帧中的速度为 v_t^k，则 $k+1$ 帧中目标的预测位置可表示为式（2-14）：

$$\widetilde{O_{t+1}^k} = O_t^k + \alpha v_t^k + (1-\alpha)v_{t-1}^k \qquad (2-14)$$

式中，$O_t = [x_t, y_t]$，$\alpha = p^k$ 为在线训练的 CNN 预测的可见性得分。目标在视频帧中的速度可表达为式（2-15）：

$$v_t^k = \frac{1}{M_t - M_{t-1}}([x_t^k, y_t^k]^{\mathrm{T}} - [x_{t-1}^k, y_{t-1}^k]^{\mathrm{T}}) \qquad (2-15)$$

式中，M_t 代表两视频帧之间的时间间隔。相应地，$k+1$ 帧中目标的预测形状可表示为式（2-16）：

$$\widetilde{S_{t+1}^k} = \alpha S_t^k + (1-\alpha)S_{t-1}^k \qquad (2-16)$$

式中，$S_t = [w_t, h_t]$。

4. 时间机制与在线模块更新

本章利用在线候选目标评价模块对地面军事目标的遮挡情况进行评价。采用被遮挡目标的污染特征更新在线评价模块会降低模型对目标和背景的分类能力，直到在线评价模块无法对跟踪的目标进行评价。并且，在跟踪初始阶段，针对单个目标的 CNN 参数是随机的，没有对目标的评价能力。因此，需要对单个目标的 CNN 参数进行训练与更新。为了解决这一问题，本章引入了时间模型来平衡在线训练过程中的历史和当前帧。如图 2-17 所示，时间模型根据目标的得分，有选择性地保存当前帧样本和更新在线候选目标评价模块。当目标可见性得分 $p_t^k < p_0$ 时，则认为跟踪的军事目标被遮挡，此时忽略当前帧的感兴趣区域，使用时间注意模块中保存的历史帧样本来更新在线候选目标评价模块；相反地，当目标可见性得分 $p_t^k \geq p_0$ 时，则认为目标未被遮挡，此时保存当前帧的感兴趣区域为正样本，使用当前帧和时间注意模块中保存的历史帧样本来更新在线候选目标评价模块。当分类得分 $p_t^k \geq p_0$ 时，引入时间注意参数 λ，用来平衡当前帧和历史帧的正样本对在线候选目标评价模块的影响，λ 的取值如式（2-17）所示：

$$\lambda = \begin{cases} 0 & p_t^k < p_0 \\ 0.9 & p_t^k \geq p_0 \end{cases} \qquad (2-17)$$

对于任意跟踪目标，其第 k 个特定目标 CNN 在 t 帧中的损失可表示为式（2-18）：

$$L = L_t^{k-} + \lambda L_t^{k+} + (1-\lambda)L_h^{k+} \qquad (2-18)$$

式中，L_t^{k-} 为当前帧负样本损失，L_t^{k+} 为当前帧正样本损失，L_h^{k+} 为历史帧正样本损失。当分类得分 $p_t^k \geq p_0$ 时，整体损失来自 L_t^{k-}、L_t^{k+} 和 L_h^{k+} 三种损失；相反地，当分类得分 $p_t^k \geq p_0$ 时，整体损失来自 L_t^{k-} 和 L_h^{k+}。L_t^{k-}、L_t^{k+} 和 L_h^{k+} 的计算分别如式（2-19）~式（2-21）所示：

$$L_t^{k-} = -\frac{1}{N_t^{k-}} \sum_{i=1}^{N_t^{k-}} \lg\left[1 - f_{\mathrm{cls}}(\boldsymbol{\Psi}_{\mathrm{ref}}(\boldsymbol{X}_t^{k-}) ; \ \boldsymbol{\omega}_{\mathrm{cls}}^k)\right] \tag{2-19}$$

$$L_t^{k+} = -\frac{1}{N_t^{k+}} \sum_{i=1}^{N_t^{k+}} \lg f_{\mathrm{cls}}(\boldsymbol{\Psi}_{\mathrm{ref}}(\boldsymbol{X}_t^{k+}) ; \ \boldsymbol{\omega}_{\mathrm{cls}}^k) \tag{2-20}$$

$$L_h^{k+} = -\frac{1}{N_h^{k+}} \sum_{i=1}^{N_t^{k+}} \lg f_{\mathrm{cls}}(\boldsymbol{\Psi}_{\mathrm{ref}}(\boldsymbol{X}_h^{k+}) ; \ \boldsymbol{\omega}_{\mathrm{cls}}^k) \tag{2-21}$$

式中，N_t^{k-}、N_t^{k+}、N_h^{k+} 分别为当前帧负样本和正样本以及历史帧正样本数目。当前帧负样本的随机选取数量与正样本总数量相同，并使用 BP 算法对在线候选目标推荐模块进行权值更新。

5. 在线模块样本构建

为了使针对单个目标的 CNN 获得鲁棒的地面军事目标评价能力，单个目标的 CNN 需要足够的样本进行训练，并且，运动模型也需要足够的视频帧中目标的确切位置来分析地面军事目标的运动曲线。在试验中，本书使用 $N_{\mathrm{init}} = 0.1N_v$ 作为初始视频帧数来训练初始的在线候选目标评价模块，其中 N_v 是视频中所有帧的数量。对于小于 100 帧的视频，我们使用前 10 帧完成初始在线模块的训练。

为了获得足够的训练样本，本书采用模式 1 的离线检测结果作为初始阶段正样本基准。用 $\mathrm{Sample}_n = (x_d, y_d, w_d, h_d)_n$ 代表模式 1 的第 n 个目标离线检测结果。则对于运动模型，Sample_n 作为目标的精确位置，用于运动模型的生成。对于针对目标 n 的在线训练 CNN，其正样本区域可表示为式（2-22）：

$$\mathrm{sample}_n^{\mathrm{neg}} = \left\{(x, y, w_d, h_d) \,\middle|\, (x - x_d)^2 + (y - y_d)^2 \leqslant (0.3w_d)^2 + (0.3h_d)^2\right\} \tag{2-22}$$

其负样本区域可表示为式（2-23）：

$$\mathrm{sample}_n^{\mathrm{pos}} = \left\{(x, y, w_d, h_d) \,\middle|\, (0.3w_d)^2 + (0.3h_d)^2 \leqslant (x - x_d)^2 + (y - y_d)^2 \leqslant w_d{}^2 + h_d{}^2\right\} \tag{2-23}$$

图 2-20 显示了正负样本的中心坐标区域与检测结果的位置关系。每一帧的正负样本的数目均为 10，在正负样本区域内随机选取。图中蓝色区域为正样本中心坐标区域，黄色区域为负样本中心坐标区域。

图 2-20　正负样本构造（附彩插）

2.1.4　验证试验与装甲车辆目标跟踪检测应用效果分析

为了充分验证跟踪算法的有效性，本节采用自建地面军事目标数据库 GMTD 以及常规数据集 KITTI 对本章方法以及目前流行的多目标跟踪算法进行比较。

1. 跟踪评价标准

为了评价本章提出的基于时空机制的地面军事多目标跟踪方法，采用应用最广泛的 CLEAR 多目标评价标准[36]。该标准包括多目标跟踪精度（Multiple Object Tracking Precision，MOTP）、多目标跟踪准确率（Multiple Object Tracking Accuracy，MOTA）。此外，多目标评价标准匹配成功比例（Mostly Tracked，MT）以及匹配失败比例（Mostly Lost，ML)[37]作为补充评价标准。

多目标跟踪精度 MOTP 代表所有视频帧上匹配对象与假设对象的估计位置总误差，并且用匹配总数的平均值表示，MOTP 反映了多目标跟踪器估计精确目标位置的能力，可表示为式（2-24）：

$$\text{MOTP} = \frac{\sum_{k,t} d_t^k}{\sum_t N_t} \tag{2-24}$$

式中，d_t^k 代表在第 t 视频帧中，第 k 个目标的真实目标位置与跟踪算法预测目标位置之间的距离。N_t 代表视频帧中目标的总个数。

多目标跟踪准确率 MOTA 反映了多目标跟踪器在所有视频帧上对象的匹配错误，包括假目标、丢失和不匹配，可表示为式（2-25）：

$$\text{MOTA} = 1 - \frac{\sum_t (m_t + \text{fp}_t + \text{mme}_t)}{\sum_t g_t} \tag{2-25}$$

式中，m_t、fp_t 和 mme_t 分别为丢失、假目标和不匹配的目标数。MOTA 可以看作是三种匹配错误的组合，分别为丢失、假目标和不匹配的比例。

多目标匹配成功比例 MT 为跟踪器输出的多目标跟踪轨迹超过真实轨迹长度 80% 的比例。多目标匹配失败比例 ML 为跟踪器输出的多目标跟踪轨迹低于真实轨迹长度 20% 的比例。

2. 跟踪器参数设定

在本章提出的军事多目标跟踪算法中，跟踪器的性能是由全局阈值 ε_L 和分类阈值 p_0 决定的。前者决定任意位置是否属于跟踪目标内，而后者决定候选目标是否发生遮挡以及目标与背景的类别。为了设定合适的参数，本节在部分训练集上进行了详尽的试验，并采用多种评价指标分析不同参数下军事多目标跟踪器的性能。首先，在 GMTD 数据集中随机选取 1 000 帧视频图像，其中一半作为训练样本，属于同一视频的另一半作为测试样本。采用离线候选目标推荐模块预测包围框的正确率作为评价全局阈值 ε_L 的评价指标，其中，IoU > 0.75 时认为包围框被正确预测。利用在线候选目标评价模块对正样本（军事多目标）

和负样本（背景、遮挡物）的分类精度作为分类阈值 p_0 的评价指标。同时，采用 MOTA 作为 ε_L 和 p_0 的联合评价指标。试验结果如图 2-21 所示。图 2-21（a）展示了离线候选目标推荐模块边界框预测精度随全局阈值 ε_L 以及在线候选目标评价模块分类精度随分类阈值 p_0 的变化曲线。由该曲线可知，当全局阈值 ε_L 位于区间 $[0.65, 0.9]$ 时，离线候选目标推荐模块具有较高的边界框预测精度，当分类阈值 p_0 位于区间 $[0.5, 0.7]$ 时，在线候选目标评价模块具有较高的分类精度。为了在以上两个区间内，选取更加精确的阈值，采用 MOTA 作为 ε_L 和 p_0 的联合评价指标。图 2-21（b）显示了本章军事多目标跟踪算法 MOTA 随全局阈值 ε_L 和分类阈值 p_0 的变化过程。由图可知，当 $\varepsilon_L = 0.7$，$p_0 = 0.6$ 时，本章的军事多目标跟踪算法取得最高的 MOTA，因此选取以上取值对本章算法进行评价。

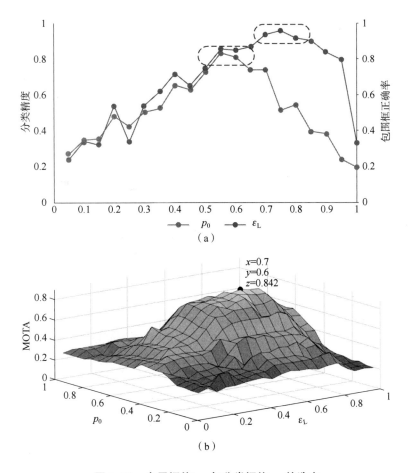

图 2-21　全局阈值 ε_L 与分类阈值 p_0 的选定

3. 离线目标推荐评价

针对地面战场的军事多目标跟踪问题，本章利用在 2.1.1 节中空间语义信息的目标检测与识别方法，结合时间机制，提出一种识别—跟踪策略。在 2.1.1 节中，本书采用空间注意机制滤除大部分与地面军事目标无关的区域，例如天空和草地等。本书采用生成对抗网络以解决小尺度军事目标识别的难题，通过离线训练模型解决初始跟踪问题。为了验证该离线模型在军事多目标跟踪问题中"识别"阶段的有效性，试验对比了以下 3 种模型在所有视频帧中生成的 IoU 分布：

　　模型 1：多尺度 Gabor CNN 特征提取网络+9 种锚点尺度的 RPN[20]；

　　模型 2：多尺度 Gabor CNN 特征提取网络+改进引导锚点；

　　模型 3：多尺度 Gabor CNN 特征提取网络+改进引导锚点+生成对抗网络。

　　9 种锚点尺度的 RPN 代表在每层特征上使用 3 种尺度和 3 种比例的锚点。图 2-22 显示了 3 种模型在不同 IoU 上平均每张战场图像的推荐区域数量。由图 2-22 可知，当 IoU > 0.8 时，模型 2、3 的推荐数量大于传统 RPN 锚点的方式（模型 3 ≈ 模型 2 > 模型 1），这说明当 IoU 要求较高时，采用空间机制的引导锚点推荐能力要高于传统 RPN 锚点的推荐能力。当 0.5<IoU<0.75 时，模型 2、3 的推荐数量要明显少于传统 RPN 锚点的方式（模型 3 ≈ 模型 2 ≪ 模型 1），这是由于采用空间机制的引导锚点能够滤除大部分不包含军事目标的无效区域。同时，在地面军事目标数据集中，每幅场景图像包含的目标个数约为 10 个。显然，采用 RPN 方式的大量锚点是冗余的，采用空间机制的引导锚点能够在保证召回率的同时减少推荐区域数量，减少后续操作的计算量，如图 2-22 所示。

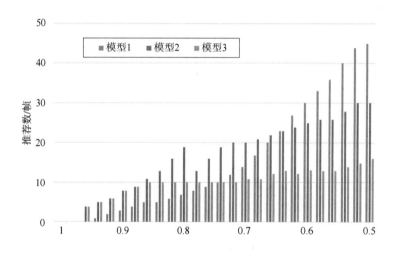

图 2-22　模型 1、2、3 在不同 IoU 下的平均推荐数量（附彩插）

　　为了进一步验证本章提出的候选目标推荐方法，试验对比了上述 3 种方法在两种数据集上的 MOTA、MOTP、MT 和 ML 指标，如表 2-5 所示。对比表中第 1、2 行可知，相比于传统 RPN，采用空间机制的引导锚点能够分别提高 MOTA、MOTP 和 MT 约 10.85%、1.13% 和 7.92%。这说明引导锚点的推荐能力强于传统 RPN 的方式，这是由于改进的引导锚点能够滤除大部分不包含军事目标的无效区域，削弱了背景的干扰。对比表中第 2、3 行可知，增加生成对抗网络后，目标推荐方法分别提高了 MOTA、MOTP 和 MT 约 13.13%、14.13% 和 11.37%。显著的推荐能力提高是由于生成对抗网络模块能够有效提升小尺度地面军事目标的识别能力。然而，离线候选目标对于 ML 的降低作用并不明显（约 1%），这是由于离线候选目标对目标的分类作用不强，无法处理多目标的重叠遮挡。

表 2-5 不同离线目标推荐模型对比

模型	MOTA	MOTP	MT	ML
模型 1	45.47%	65.30%	27.54%	19.35%
模型 2	56.32%	66.43%	35.46%	18.36%
模型 3	69.45%	80.56%	46.83%	17.25%

4. 遮挡处理分析

在本章的军事多目标跟踪算法 MMTT 中，在线候选目标评价模块对候选目标进行目标与背景分类，并评价目标的遮挡情况。当目标被遮挡时，采用运动模型对目标的位置进行预测。并且，采用被遮挡目标的污染特征更新在线评价模块会降低模型对目标和背景的分类能力，直到在线评价模块无法对跟踪的目标进行评价。本章提出的时间机制通过平衡历史帧与当前帧的样本，防止在线评价模块的这种分类退化。为了验证在线候选目标评价模块与运动模型在地面军事目标被遮挡时，对目标位置的预测能力，本章在包含遮挡情况的视频中，标记真实目标位置与运动模型预测的目标位置，如图 2-23 所示。图中，黄色虚线框和圆点分别为运动模型预测的地面军事目标包围框和中心，红色实线框和五角星为真实的地面军事目

图 2-23 遮挡前后运动模型预测与真实位置示意图（附彩插）

标包围框和中心。如图 2-23 所示，在目标被遮挡前后，运动模型预测的目标位置与目标真实包围框几乎重叠，中心距离接近，这说明运动模型成功跟踪目标。因此，当地面军事目标被遮挡时，本章采用运动模型预测的位置代替目标的实际位置。

为了验证时间模型对在线候选目标评价模块训练的作用，分析对比了以下两种模型的多目标跟踪性能指标，时间模型对比分析如表 2-6 所示。

模型 4：模型 3+在线候选目标评价模块+运动模型；

模型 5：模型 3+在线候选目标评价模块+运动模型+时间模型。

表 2-6　时间模型对比分析

方法	MOTA	MOTP	MT	ML
模型 4	79.32%	83.52%	48.46%	15.36%
模型 5	80.65%	83.55%	49.52%	6.27%

相比于模型 4，模型 5 显著降低了指标 ML 9.09%，这是由于时间注意模块通过平衡历史帧与当前帧，阻止了特定目标 CNN 评价模块对候选目标评价能力的退化，使在线模块能够持续有效地对候选目标进行分类和遮挡评价，相应地，指标 MOTA、MOTP 和 MT 也分别提高了 1.33%、0.03% 和 1.06%。

5. 多目标跟踪算法评价

为了验证本章提出的军事多目标跟踪算法有效性，本节在常规车辆目标数据集 KITTI 和地面军事目标数据集 GMTD 上比较了本章算法与多种多目标跟踪算法的性能，这些算法包括离线训练的跟踪算法如文献 [38] 提出的 Siamese CNN 和文献 [39] 提出的 LO－SSVM（Learning Optimal Structured Support Vector Machine）；在线训练的跟踪算法如文献 [41] 提出的 STAM（Spatial－Temporal Attention Mechanism）和文献 [40] 提出的 SSP（Successive Shortest Path）。

表 2-7 总结了 KITTI 数据集上部分算法试验对比结果。由表可知，相比于离线训练的多目标跟踪算法，在线训练的算法在整体耗时上较少，在实际应用中，往往没有足够的样本用于训练足够精度的离线多目标跟踪算法，并且，离线多目标跟踪算法往往不能有效处理多目标遮挡引起的跟踪器漂移现象。本章提出的多目标跟踪算法实现了最优的 MOTA、MT 和 ML 指标。相比于次优结果，分别提高了 MOTA 和 MT 指标 1.41% 和 7.42%，降低了 ML 指标 0.02%。本章提出的多目标跟踪算法实现了次优的 MOTP 指标 85.55%，低于最优结果 0.18%。较高的 MOTA 和 MT 指标说明，本章的多目标跟踪算法离线候选目标推荐模块能够通过滤除大部分无效区域，减少检测阶段背景造成的干扰。最优的 MOTP 指标说明，本章的多目标跟踪算法运动模型能够准确预测目标的运动轨迹。ML 指标的降低表明本章算法具有更少的无效结果，这主要是由于时间注意模块通过平衡历史帧和当前帧的方式，防止特定目

标的在线 CNN 评价能力的退化。试验结果表明，本章提出的多目标跟踪算法能够满足常规车辆目标的跟踪需求。

表 2-7　KITTI 数据集上试验对比结果

方法	在线/离线	MOTA	MOTP	MT	ML	耗时/s
Siamese CNN	离线	46.31%	71.20%	15.52%	27.30%	0.81
LP-SSVM	离线	75.65%	77.80%	42.54%	10.25%	0.95
STAM	在线	77.20%	74.90%	29.65%	18.57%	0.25
SSP	在线	84.24%	85.73%	73.23%	2.77%	0.30
本书方法	在线	85.65%	85.55%	80.65%	2.25%	0.16

表 2-8 总结了 GMTD 数据集上部分算法试验对比结果。在军事多目标跟踪应用上，相比于常规目标跟踪，同种算法的性能指标整体降低，这进一步说明了地面军事目标识别与跟踪的难度要高于常规目标。本章提出的多目标跟踪算法实现了最优的 MOTA、MOTP、MT 和 ML 指标。相比于次优的多目标跟踪算法，指标 MOTA、MOTP、MT 分别提高了 1.41%、5.9% 和 3.16%，指标 ML 降低了 3.98%。并且，本章提出的军事多目标跟踪算法实现了较少的耗时，跟踪速度为平均 3.8 FPS。试验结果表明，本章提出的多目标跟踪算法能够满足军事目标的跟踪需求。

表 2-8　GMTD 数据集上试验对比结果

方法	在线/离线	MOTA↑	MOTP↑	MT↑	ML↓	耗时/s
Siamese CNN	离线	41.51%	65.60%	12.25%	24.20%	0.81
LP-SSVM	离线	72.60%	71.52%	44.35%	25.35%	0.23
STAM	在线	73.25%	65.37%	26.35%	20.20%	0.25
SSP	在线	79.24%	77.65%	46.36%	10.25%	0.30
本书方法	在线	80.65%	83.55%	49.52%	6.27%	0.26

图 2-24 展示了本章提出的军事多目标跟踪算法在 GMTD 数据集上的部分跟踪结果，图像标号为当前帧帧数。图 2-24（a）为离线候选目标推荐模块检测结果，为了可视化试验结果，同时在一张图像上显示了相邻两帧的目标，其中红色实线包围框内的实体目标为当前帧目标，蓝色虚线包围框内的虚化目标为历史帧目标，该可视化结果表明，离线候选目标推荐模块能够有效检测不同帧中的多目标。图 2-24（b）为多目标跟踪结果与目标运行轨迹，连接实线包围框中心的延长线为跟踪过程中目标运行的轨迹，跟踪结

果表明，本章提出的多目标跟踪算法能够在视频流中准确跟踪军事多目标的准确位置与运行轨迹。

（a） （b）

图 2-24 地面军事目标识别与跟踪结果示例（附彩插）

2.1.5 小结

针对地面战场环境中敏感目标检测面临背景复杂、目标尺度变化明显，以及效率、精度要求高的问题，本节提出了基于多尺度 Gabor CNN 特征表示网络以及改进引导锚点的检测方法，用来实现地面敏感目标的定位。针对传统检测方法中，使用滑动窗口与密集锚点用于生成分类参数和位置参数，导致的计算资源浪费在与目标无关的无效区域，本节通过语义信息引导的锚点策略，滤除大部分无效区域，消除了大量无效区域与计算消耗。通过敏感目标形状先验信息，改进传统引导锚点，进一步简化锚点形状预测，节约计算消耗。针对传统检测方法中，采用单一尺度网络尺度，难以同时适应大尺度与小尺度目标的问题，本节基于深度残差网络 ResNet-50 结构的 Gabor CNN 网络，构造多尺度表示网络，并将改进引导锚点进行分类，将上下文语义信息融入小尺度锚点中，对不同尺度的目标采用不同的检测策略。与尺度单一的网络模板相比，多尺度表示网络在平衡计算消耗的同时，显著提高了小尺度地面敏感目标的召回率。针对地面战场环境中军事多目标跟踪的多目标遮挡和插入、小尺度目标跟踪以及鲁棒性和效率要求高的问题，提出了具有两种工作模式的多目标跟踪方法。针对地面战场中目标被同种或异种目标遮挡时，目标位置无法预测的问题，本节设计在线目标评价模块，利用目标外观特征评价目标的遮挡情况，并结合新型的运动模型，预测目标的位置。针对在线训练模块采用污染的目标样本易产生退化的问题，本节设计时间机制模块，用来平衡历史帧和当前帧的正样本和负样本来对在线候选目标评价模块更新的影响。针对传统识别—跟踪策略效率低的问题，本节利用在离线识别和在线跟踪分别构成的分支，实现跟踪算法的两种工作模式，实现对整体视频中跟踪效率的提升。在自建数据集 GMTD 上的实际检测结果表明，本节提出的地面军事目标检测方法着重增强了小尺度目标的检测效果，能够在图像及视频中实现军事目标的快速定位与跟踪。

2.2　复杂背景中交通标志检测技术

交通标志检测属于目标检测的研究方向，但不同目标检测的应用，受到目标及场景特征的影响，其检测方法也有所不用。本节提出基于简化 Gabor 的极大极稳定区域算法（Maximally Stable Extremal Regions，MSERs，SG-MSERs）的交通标志区域推荐，通过 SVM 进行推荐区域分类的方法，实现交通标志检测以及大类的分类。本节通过对交通标志图像的特征分析，发现边缘特征是交通标志的关键特征。因此在交通标志检测前，有必要对交通场景图进行边缘特征强化。在边缘特征强化方面，本节提出基于简化 Gabor 的边缘强化算法，通过这种方法避免了耗时的傅里叶变换过程，降低了系统处理时间。在区域推荐方面，提出的基于简化 Gabor 极大极稳定区域推荐算法 SG-MSERs，在保证正样本得以推荐的同时，大幅度降低负样本的数量。通过本节定义的过滤规则，过滤掉尺度、长宽比、占空比等不符合交通标志特征的推荐区域，为分类阶段节约了处理时间。在对推荐区域进行大类分类的阶段，为了充分利用 HOG 特征与 SVM 分类器的良好匹配性，克服 HOG 不善于边缘表达的缺陷，提出具有良好边缘特征表达能力的基于简化 Gabor 的 HOG 特征即 SG-HOG，将 SG-HOG 特征作为 SVM 分类器的分类特征。与一般的交通标志检测方法只检测出所属区域是否为交通标志不同，本节的检测方法在检测出是否为交通标志的同时，还进一步细化，判别出所检测的推荐区域是圆形交通标志还是三角形交通标志。在检测出交通标志的同时，将交通标志分类成两大类，为下一步的交通标志的子类分类提供更加细化的信息。

颜色特征是交通标志较为直观的特征，因此，在当前的研究成果中，基于颜色信息的交通标志检测是最常用最直接的手段。然而，由于 RGB 色彩空间对光照过于敏感，一些研究者往往采用先对图像进行色彩空间转换，继而进行检测和识别。比如在 YUV 色彩空间下，进行图像分割，而 YUV 色彩空间也常常应用于视频处理软件。利用 YUV 色彩对图像进行编码的时候，为了兼顾到人类的视觉感知能力，对低色度的带宽进行抑制。与 RGB 对红、绿、蓝三种颜色进行三个通道的表达不同，文献［42］在 HSV 颜色空间下，通过阈值分割来获取红色的交通标志。HSV 是另一种颜色空间的表达方法，其中 H 表示图像的色调，S 表示图像的饱和度，V 表示图像的明亮度。尽管这些方法取得了较好的检测和分类效果，但由于光照的变化，雨、雾等自然因素的干扰，基于颜色的图像分割算法往往难以取得较好的检测效果。

除了日本等极少数国家以外，绝大多数国家的交通标志，比如本节所涉及的中国以及德国的交通标志，都是用交通标志的形状和内部符号唯一确定交通标志所属的类别。简单来说，没有两个形状和内部符号完全相同，仅通过颜色进行类别区分的交通标志的。或者说，当去除彩色信息，将交通标志图像转换成灰度图以后，不会存在两个不同类别的交通标志，其转换成的灰度图是相同的情况。这样设计的目的是考虑到色盲或者色弱这部分群体，让他们在没有或者少有颜色信息的情况下，能够正确识别出交通标志。基于这种状况，一些算法完全忽略交通标志的颜色信息，而完全采用形状信息进行检测和识别。除了上述的方法以外，一些算法采用原始颜色信息以及形状信息以外的特征。比如先使用颜色概率图进行图像特征转换，然后采用极大极稳定区域算法进行交通标志检测。无论如何，在交通标志检测和识别领域，好的图像特征的表达，都会对检测结果有着很大的提升作用。

由于颜色信息的不稳定，并且颜色信息并不具有区分交通标志所属类别的唯一性，简而言之，不同的大类、不同的子类的交通标志，很多情况下颜色特征是相同的。本节所说的大类指的是圆形、三角形的交通标志，子类指的是圆形交通标志或三角形交通标志里具体的哪一种交通标志，比如限速 60，或禁止掉头等。因此，交通标志的形状和符号信息是检测的关键，而交通标志的形状和符号是由其边所组成的。在绝大多数情况下（除日本等少数国家以外），交通标志的形状或者说交通标志的边能够唯一确定交通标志的所属类别。因此聚焦于交通标志的边缘强化方法或者边缘特征提取方法，对于交通标志的检测往往是行之有效的。交通标志检测的关键在于，如何提取图像的边缘特征，以及如何在保证特征的有效抽取的同时，处理速度满足交通标志实时检测的具体应用需求。

基于滑动窗口的物体检测方法，视图像的每一个像素为对等的关系。为了应对检测对象的尺度、长宽比的变化，针对每一个像素采用不同尺度和长宽比的包围框进行区域提取。这类方法或许在准确率上有一定的保证，但这类穷举式的饥饿计算算法架构让目前的计算平台远无法实现接近实时的处理速度。检测架构的本身决定了其在当前硬件技术水平下无法最终走向应用。而解决这个问题的关键在于，摈除像素间的关系对等的假设。从信息表达的角度来说，实际的图像场景中像素间关系的确是不对等的，有的属于检测对象区域，有的属于背景区域。因此，通过对检测对象的特征分析，采用能够突出检测对象显著性的算法进行区域推荐，将区域推荐信息作为先验知识融入检测框架中是值得深入研究的方向。

物体检测与图像分类的区别在于，图像分类的对象往往是紧致包含一个待分类目标的内容单一的图片。而物体检测的图像中往往场景复杂，场景中物体多样。因此，物体检测通常包含两个步骤：一是进行图像区域推荐，将图像分割成若干个可能包含检测对象的区域；二是对这些区域进行分类，判断其是否包含检测对象。前面所提及的方法本质上是通过特征转换，强化检测对象与非检测对象的像素可区分性，继而通过聚类算法让检测对象成功地落入算法所推荐的区域，继而进行分类。从研究基础条件的角度来说，与常见的物体检测不同，交通标志检测面临着样本的数量较少的问题。目前绝大多数交通标志检测数据库的样本数量都是千以下的样本数量。这就让检测算法难以通过没有预训练的深度分类器进行检测。因此，检测过程中的分类算法必须是对训练样本的数量要求较低的算法。

2.2.1　基于 SG-MSERs 区域推荐及 SVM 分类的交通标志检测算法

1. 方法框架

本节提出的基于 SG-MSERs 区域推荐及 SVM 分类的交通标志检测框架如图2-25所示。该图的上半部分是交通标志检测的部分。在特征提取阶段，本节通过 4 个方向 2 个尺度的简化 Gabor 进行边缘特征强化，一共提取 8 个交通场景的简化 Gabor 特征图。通过简化 Gabor 滤波器的特征提取，在对应的每一张特征图上，与简化 Gabor 滤波器的方向和尺度相近的边得以强化。通过对 8 个特征图的合成，得到特征融合后的简化 Gabor 特征图。采用这样的方式可以将交通标志的边缘进行总体强化，而非边区域得以平滑，噪声得以抑制。特征提取过程如图 2-25 绿色区域所示。在检测阶段，本节首次提出基于简化 Gabor 的极大极稳定区域算法 SG-MSERs，通过 SG-MSERs 找到稳定区域，并将这些区域作为感兴趣区域（Regions of Interest，ROI）。本节定义了区域过滤规则，将一些不符合交通标志区域基本特性的推荐区域过滤掉。最终的推荐区域通过本节提出的基于 SG-HOG 特征的 SVM 算法进行分类，得到交通标志所属的大类，即圆形或三角形交通标志。交通标志的检测算法中大类分类的工作流程如图 2-25 中黄色区域所示。

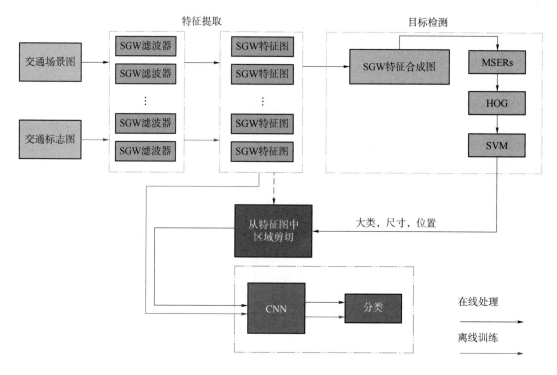

图 2-25　检测框架（附彩插）

2. 基于 SG-MSERs 的交通区域推荐

物体检测往往分为两个阶段：一是发现目标感兴趣区域，二是通过分类器判别该区域是否属于检测对象所在区域。发现感兴趣区域的过程包括两类：一类是基于滑动窗口的穷举法，这往往需要较多的处理资源，另一类是基于锚点的方法。虽然基于锚点的方法在效率方面比滑动窗口要高得多，但其本质上也是基于锚点的穷举法，这种方法对数据样本量的依赖程度较高。这两类方法的共同特征是检测方法与检测对象无关，没有考虑到具体应用中检测对象的特征。

由于交通标志内部的颜色相对稳定，具有一定的一致性，因此，很多学者采用了基于极大极稳定区域的区域推荐方法。但由于交通场景中的光线、气象等因素往往会导致交通标志的颜色在空间上稳定性强，而在时间上稳定性弱。在空间上的稳定性强意味着同一个交通标志牌在此时此刻内部的颜色一致性较强。在时间上的稳定性较弱意味着同一个交通标志在不同时刻颜色差异较大。因此，对于颜色特征，要利用其空间上的稳定性，摈弃时间上的不稳定性。总之，要利用其相对稳定性，即空间上的稳定性。在颜色信息稳定的情况下，基于极大极稳定区域的算法往往能够取得较好的效果。然而，由于基于 RGB 色彩空间的图像易受到各种干扰，为了利用 MSERs 算法的优势，本节采用简化 Gabor 进行预处理。通过这样的方式达到两个目的：一是利用简化 Gabor 的边缘强化能力来进行区域分割，二是利用简化

Gabor 的非边区域噪声抑制能力来进一步稳定同质的图像区域。本节把这种方法定义为基于 SG-MSERs 的区域推荐。

传统的 Gabor 函数（Traditional Gabor Wavelet，TGW）应用于边缘的强化早有研究，尤其在图像分割领域取得了较好的效果[43]。TGW 在特定参数下有较好的边缘强化效果。然而，检测对象边的方向往往是随机的，边的尺度也多种多样。为了将不同方向和尺度的边缘提取出来，需要 Gabor 滤波器的尺度和方向与之匹配。为了让 Gabor 函数的尺度、方向与所提取的边相匹配，通常采用的方法是用多种不同方向与尺度的 Gabor 核，多次对图像进行滤波。从理论上说，Gabor 核的方向和尺度越多，最终滤波图的特征表达越丰富。但每一个 Gabor 滤波器，都意味着对图像的一次滤波，Gabor 滤波核越多，其计算机处理时间就越长。因此，在多尺度多方向的 Gabor 特征提取中，其面临的最大挑战之一就是处理时间的消耗。这就意味着传统 Gabor 无法直接应用于实时处理。尤其是对于交通标志的检测，系统对实时性的要求较高，往往更加难以满足要求。因此，如何减少计算机处理时间，是这类方法急需解决的问题。

为了进一步降低计算机的处理时间提高处理效率，满足实时处理的应用需求，本节采用简化 Gabor 小波（Simplified Gabor Wavelet，SGW）进行边缘特征信息提取。简化 Gabor 采用更为简单的表达和计算模式，可以有效地提取图像的边缘特征。在采用简化 Gabor 进行特征提取的过程中，对于每一个像素的特征提取避免了耗时的快速傅里叶变换，这种改进极大地节约了处理时间。

时间的节约源自对连续 Gabor 函数进行特征提取过程的简化，将 Gabor 值无限多的取值可能性离散成有限的几个数字，其他的取值根据就近的原则选择自己的值，把这个值称为量化等级。将量化等级中的中间设置成 0，因为 Gabor 的虚部是对称的，因此正向的量化值和负向的量化值相同。量化值定义为 n_k，一共有 $2n_l + 1$ 个量化值。为了将传统 Gabor 的连续值打散，使其离散化，假设 Gabor 的幅度为 A，设 $k = 1, \cdots, n_l$，设正向量化结果为 q_{positive}，负向量化结果为 q_{negtive}，正向和负向的量化函数如式（2-26）和式（2-27）所示：

$$q_{\text{positive}} = \frac{A}{2n_l + 1} \cdot 2k \qquad (2-26)$$

$$q_{\text{negtive}} = -\frac{A}{2n_l + 1} \cdot 2k \qquad (2-27)$$

为了兼顾时间和效率，本节选择 4 个方向 2 个尺度的简化 Gabor 核。由于每一个特征图所表达的是具体的某一个尺度和方向的 Gabor 卷积核卷积的结果，其强化的是该尺度和方向的图像边缘信息。为了将这些特征融合，本节将 8 个卷积核卷积后的特征图进行特征融合。简化 Gabor 对图像 $I(x,y)$ 滤波后的卷积结果定义为 $\phi'_{\omega_i, \theta_j}(x, y)$，在式（2-28）中，对这 8 个特征图进行逐像素同时遍历，在每一个像素对应的位置，取这 8 个卷积特征图的最大值作为最终取值存储在合成特征矩阵中，即合成特征图的每一个像素值都是这 8 个特征图对应像素位置的最大值，其计算过程如式（2-28）所示：

$$\phi''_{\omega,\theta}(x,y) = \max\left\{\phi'_{\omega_i,\theta_j}(x,y), i = 0,1; j = 0,1,2,3\right\} \tag{2-28}$$

与 Gabor 特征提取所常用的在方向选择方面平均分配二维平面的 360°不同，本节所选择的核是对称的，方向相反的卷积核具有相同的特征提取能力。因此，本节的方法采用平均分配二维平面的半平面方式，也就是平均分配 180°。这样，180°平面下 4 个方向的卷积核起到了与 360°下 8 个方向相同的特征提取效果。通过这样的方式，在相同的特征提取效果下，其特征提取时间节省了一半。因为是对二维平面角度的平均分割，所以这样的分割方法能够兼顾每一个方向的边。因此在特征提取时具有一定的抗干扰性，比如检测对象的平移和旋转等。

在图像 $I(x,y)$ 上经过简化 Gabor 核卷积后得到特征图 $\phi'_{\omega_i,\theta_j}(x,y)$，$\phi'_{\omega_i,\theta_j}(x,y)$ 中的每一个像素的值取决于简化 Gabor 的两个参数 θ 和 ω。由于图像中物体边的信息属于局部信息，而卷积的任务就是为了提取图像的局部信息。在这样的情况下，卷积核就不能过大，太大的卷积核会耦合范围过广的像素信息。这样会导致特征图的每一个像素中都融合了以该像素为中心的较为广泛的附近像素信息，这就相对弱化了局部像素特征信息。因此，对于提取边缘这一类的图像特征，卷积核不宜过大。在本节，经过试验验证，卷积核的窗口大小为 5×5 较为合适。本节采用的 SGW 的 8 个卷积核如图 2-26 所示，参数分别为：（a）$\omega = 0.3\pi$，$\theta = 0$；（b）$\omega = 0.3\pi$，$\theta = \pi j/4$；（c）$\omega = 0.3\pi$，$\theta = \pi j/2$；（d）$\omega = 0.3\pi$，$\theta = 3\pi j/4$；（e）$\omega = 0.5\pi$，$\theta = 0$；（f）$\omega = 0.5\pi$，$\theta = \pi j/4$；（g）$\omega = 0.5\pi$，$\theta = \pi j/2$；（h）$\omega = 0.5\pi$，$\theta = 3\pi j/4$。

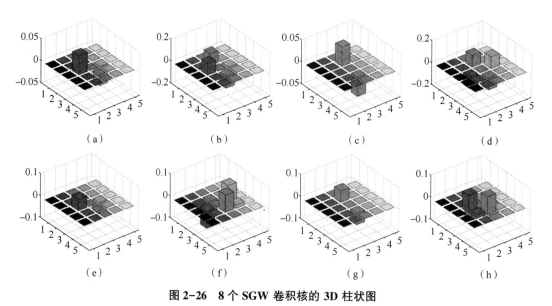

图 2-26　8 个 SGW 卷积核的 3D 柱状图

为了实现交通标志的检测，本节采用极大极稳定区域 MSERs 算法作为区域推荐算法。

MSERs 是一种常用的图像斑点检测方法，解决了宽基线立体重建的问题，并在文献［44］首次用于交通标志检测。极大极稳定区域指的是当对图像以不同的阈值将其转换成二值图时，在很大的阈值变化范围内，仍然能保存稳定的形状区域，该算法类似于分水岭算法。二值图的生成过程是，当图像的像素值小于阈值时，将该像素值设为 0，当图像像素值大于阈值时，将该像素值设为 1。

这种算法的优势在于，在光照和对比度发生很大的变化时，其区域提取具有较强的鲁棒性。这种特性对于需要在户外环境下采集的图像的交通标志检测的应用来说非常重要。MSERs 算法常常应用于自然场景的文本定位、产品名牌检测、车牌号检测、交通标志检测等人工设计物体的检测。文献［45］应用 MSERs 算法在颜色概率图上检测交通标志。首先将 RGB 转换成颜色概率图，这样可以强化目标和背景之间的对比度，继而有利于有价值目标的提取。与文献［45］［46］不同，本节采用在 SGW 滤波特征图上进行 MSERs 的区域推荐。

采用 MSERs 算法在 SGW 特征图上进行区域推荐的过程是：首先设定一个低阈值，遍历 SGW 特征图的每一个像素点，当像素点的值大于阈值时，则该像素点的值设定为 1，当像素点的值小于阈值时，则该像素点的值设为 0；按照一定的步长增加阈值，再一次遍历图像再次生成新的二值图。在这个过程中，能够始终保持形状稳定的区域则被定义为极大极稳定区域 MSERs。如前面内容所述，交通场景图经过 SGW 滤波，能够强化交通标志等人工设计目标的边缘信息，平滑非边区域。根据 MSERs 算法的处理机制，SGW 滤波的这种特征，有利于交通标志所在图像区域被算法所推荐。极大极稳定区域的计算过程如下：

（1）设图像 I 是从区域 R 到简化 Gabor 特征图 G 的映射：$I: R \subset \mathbf{Z}^2 \rightarrow G$，且符合条件：$G$ 具有传递性、非对称性和自反性。

（2）邻域关系：$A \subset R \times R$。本节采用的是四邻域，当点 m，$n \in R$，当且仅当 $\sum_{i=1}^{r} |m_i - n_i| \leq 1$ 时，m、n 为相互邻域关系，$m \in A(n) \&\& n \in A(m)$。

（3）区域 S 是区域 R 的连通子集，因此，对于任何 m，$n \in R$，则一定存在一个序列 m、a_1、a_2、a_3、$\cdots$、a_k、n 和 $m \in A(a_1)$，$\cdots$，$a_i \in A(a_{i+1})$，$\cdots$，$a_k \in A(n)$。

（4）区域边界 ∂S，$\partial S = \{n \in R \backslash S: \exists m \in S: n \in A(m)\}$，也就是说 ∂S 不属于区域 S，但区域 S 至少存在一个元素与其构成临界关系。

（5）极值区域 S。极值区域 $S \in R$，对于所有的 $m \in R$，$n \in \partial S$，如果 $I(m) < I(n)$，就是极小值区域；如果 $I(m) > I(n)$，就是极大值区域。

设区域 S_1、$\cdots$、S_{i-1}、S_i、$\cdots$ 是一系列极值区域，其相互包含，也就是说 $S_{i-1} \in S_i$。判断区域 S_{i^*} 为极大值区域的方法是，该区域的 $n(i) = |(S_i + \Delta)/(S_i - \Delta)|/|S_i|$ 在 i^* 处得到局部的极小值。在这里 $|\cdot|$ 是计算区域内的像素和，即区域的面积，Δ 表示灰度的变化，其

变化值无限小。

由于交通标志往往处于大场景的图像中，图像较为复杂，在这样的图片中提取 MSERs 区域，往往会返回较多的推荐区域，如图 2-26 中的图片（d）和图片（e）所示。较多的推荐区域必然导致两个问题：一是从实时检测的角度来说，过多的区域必然导致检测时间的消耗，二是从分类器训练的角度来说，过多的推荐区域必然导致过多的训练负样本。由于交通场景图中交通标志的数量较少，这种情况下，过多的负样本必然导致正负样本分布的不均衡，容易导致对分类器的准确率和召回率的负面影响。因此，有必要过滤掉置信度低的区域。

3. 区域预筛选

由于 MSERs 算法往往会推荐太多的候选区域，过多的候选区域必然导致不必要的时间消耗。为了提高系统的处理速度，本节制定一种过滤规则，将低置信度区域在分类前过滤掉。过滤规则包括推荐区域的长宽比、区域直径、区域大小以及占空比。其中，本节所使用的占空比指的是推荐区域的面积除以包围框的面积。包围框是指能够完全覆盖推荐区域的最小的矩形框，且矩形框的四边与图像的四边平行。占空比的计算如式（2-29）所示。在该公式中，当图像 $I(x,y)$ 中某个像素处于 MSERs 区域中时，函数 $f(x,y)$ 值设为 1，否则设为 0。式（2-29）中的 width 和 height 指的是包围框的宽和高。本节所定义的过滤规则其参数取值范围如表 2-9 所示。

$$M_{\text{B}} = \frac{\sum_{x=1}^{\text{width}} \sum_{y=1}^{\text{height}} f(x,y)}{\text{width} \times \text{height}} \tag{2-29}$$

表 2-9 过滤规则的参数取值范围

数据库	参数	最大值	最小值
GTSDB	高（H）	16	128
	宽（W）	16	128
	MSERs 区域面积/ 包围框面积（M_{B}）	0.4	0.8
	长宽比（A_{r}）	0.5	2.1
CTSD	高（H）	26	560
	宽（W）	26	580
	MSERs 区域面积/ 包围框面积（M_{B}）	0.4	0.8
	长宽比（A_{r}）	0.4	2.2

图 2-27 中展示了基于 SGW 特征图的 MSERs 算法的区域推荐以及根据本节定义的过滤规则进行过滤的过程。图 2-27（a）和图 2-27（b）分别是交通场景的 RGB 图和灰度图。图 2-27（c）是 SGW 合成特征图。从合成 SGW 特征图可以看出，与灰度图相比，交通标志的边缘特征得到了强化，交通标志内部的符号的边缘信息也得到了强化。图 2-27（d）和图 2-27（e）分别是基于灰度图的 MSERs 区域推荐以及基于 SGW 特征图的区域推荐。从该样本可以看出，在交通标志所属区域都被算法推荐了的前提下，基于 SGW 特征图的推荐区域数量远小于基于灰度图的区域推荐数量。图 2-27（f）是经过过滤规则过滤后区域推荐结果，可以看到，过滤后推荐区域的数量明显减少。

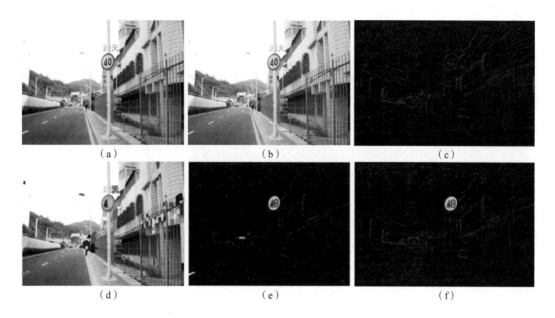

图 2-27　不同特征图下的 MSERs 区域推荐及区域筛选

4. 交通标志大类分类

大多数交通标志检测算法只是检测推荐区域是否为交通标志，本节的方法不但检测出推荐区域是否为交通标志，而且分类出交通标志所属的大类。本节将交通标志分为两大类，一是圆形交通标志，二是三角形交通标志。这种分类将为后期的交通标志识别提供更加完善的信息，降低后期分类器的分类逻辑复杂度。

为了获得交通标志所属大类的分类信息，首先在 SGW 特征图上提取方向梯度直方图（Histogram of Oriented Gradient，HOG）得到新的特征图，将新的特征图定义为 SG-HOG 特征图。其次用多分类的支持向量机（Support Vector Machine，SVM）对 SG-HOG 特征图进行分类。因为需要将检测结果分为两个大类，所以本节训练 3 种分类的 SVM，除了两个大类以外，还有负样本作为一类。具体处理流程如图 2-28 所示。

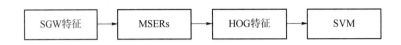

图2-28　SVM 大类识别流程图

在交通标志检测的大类分类器的特征选择方面，本节采用方向梯度直方图（HOG）特征。HOG 特征常用于 SVM 分类器的输入特征。HOG 特征与 SVM 的结合被证实有较好的分类效果。与原始的输入图像相比，HOG 特征在图像的纹理信息提取方面性能较好，但 HOG 特征的机理决定了其并不具有较好的形状、边以及结构的提取能力，而如前文所述，边、形状、结构信息是交通标志的关键信息。因此，本节采用的是基于 SGW 特征图的 HOG 特征提取，将提取的特征称为 SG-HOG 特征。这样既利用了 HOG 特征与 SVM 分类器的良好匹配能力，又融合了 SGW 较强的边缘表达能力。

HOG 特征是以图像局部区域的方向梯度作为图像局部区域的信息表达，或特征表达。方向梯度是通过统计图像局部区域的方向梯度直方图得到的。在 SGW 特征图上获取 SG-HOG 特征的过程包括以下几个步骤：

（1）数据归一化。数据归一化的目的是对图像的对比度进行调节，防止图像的曝光、光线的较大差异对图像所表达的信息的影响。与在灰度图上计算 HOG 特征不同，本节的方法是在简化 Gabor 特征图 $SG(x,y)$ 上计算梯度值的。

（2）计算每一个像素点的梯度值。通过逐行扫描的方法，以此对每一个简化 Gabor 特征点进行梯度值的计算，提取水平方向和垂直方向的梯度值。方法如式（2-30）和式（2-31）所示：

$$G_x(x,y) = SG(x+1,y) - SG(x-1,y) \qquad (2\text{-}30)$$

$$G_y(x,y) = SG(x,y+1) - SG(x,y-1) \qquad (2\text{-}31)$$

（3）计算出水平方向和垂直方向的梯度值 $G_x(x,y)$ 和 $G_y(x,y)$ 以后，可以通过这两个值来计算该点的方向 $a(x,y)$ 和幅度 $A(x,y)$。计算如式（2-32）和式（2-33）所示：

$$a(x,y) = \arctan \frac{G_x(x,y)}{G_y(x,y)} \qquad (2\text{-}32)$$

$$A(x,y) = \sqrt{G_x^2(x,y) + G_y^2(x,y)} \qquad (2\text{-}33)$$

（4）对图像进行分割。将图像分割成若干个小的邻近不重合的小方块，方块的数量为 $n_s \times n_s$。根据上述的方法，计算出每一个小方块的方向和梯度直方图。通过这样的计算形成该小方格的方向梯度特征的数学表达。

（5）通过将邻近的 $n_b \times n_b$ 个小方块组合的方式，得到更大的方格区域，并将每一个小方块的特征的数学表达以线性的方式串联起来，形成大方块的数学特征描述。

（6）与上一步类似，将大方块的特征描述进一步线性串行连接，得到整个区域的 SG-HOG 特征描述。

经过 SG-HOG 特征计算，将图像的二维信息转换成一维数字信息。由于 SG-MSERs 算法最终的推荐区域被归一化为 36×36 像素，因此，分类对象的数据规模可控，对后期的分类器的复杂依赖度较低。

支持向量机 SVM 是一种基于监督学习的二元分类器。与深度学习不同，支持向量机是基于统计学理论而产生的。基于统计学的研究，解决了分类中的过拟合问题、非线性问题、模型选择问题以及维度灾难问题等。支持向量机是通过结构风险最小的原理而设计的一种独特的统计方法。它的原理是构造一个超平面作为决策面，使不同类的样本之间的间隔最大化。支持向量机能够同时兼顾泛化能力和训练误差。支持向量机在高维数据表达模式中发现超平面并满足最大间隔的要求。

最简单的分类方式是线性可分类的样本，但很多分类对象尤其是高纬度分类对象，往往是线性不可分的，如果采用线性 SVM 进行分类，往往难以取得较好的分类效果。对于无法线性分类的分类对象，需要一种转化或者映射，将线性不可分的分类对象映射成线性可分，或者说很大置信度的线性可分。即存在分线性映射：$\Phi : R^d \longrightarrow H$，将样本集转换到空间 H 中，从而实现对样本的分类。映射前后的可分性示意如图 2-29 所示。

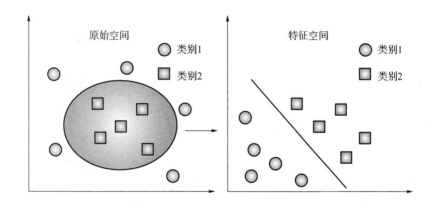

图 2-29　非线性到线性可分的映射

设 X 为输入样本，$\{\Phi_j(x)\}_{j=1}^m$ 表示 m 维非线性特征。因此，在非线性空间中的线性决策面如式（2-34）所示：

$$\sum_{j=1}^m w_j \Phi_j(x) + b = 0 \tag{2-34}$$

给定两类训练样本 $\{(x_i, y_i)\}, y_i \in \{-1, 1\}$，其中权值系数 w 可以通过求解一个优化问题得到优化，如式（2-35）所示：

$$J(w, \alpha, \xi, b) = \frac{1}{2} w^{\mathrm{T}} w + C \sum_{i=1}^N \xi_i - \sum_{i=1}^N \alpha_i [y_i(w^{\mathrm{T}} \Phi(x)_i + b) - 1 + \xi_i] \tag{2-35}$$

在式（2-35）中，ξ_i 是标定违反约束项的松弛变量，C 是惩罚因子，非负变量 α_i 是拉格朗日乘子。尤其注意的是，拉格朗日乘子是以对偶形式求解的，如式（2-36）所示：

$$\sum_{i=1}^{N} a_i - \frac{1}{2}\sum_{i=1}^{N}\sum_{j=1}^{N} a_i a_j y_i K(x_i, y_j) \tag{2-36}$$

其中约束条件如式（2-37）所示：

$$\begin{cases} \sum_{i=1}^{l} a_i y_i = 0 \\ 0 \leq a_i \leq C \end{cases}, \quad i = 1, 2, \cdots, l \tag{2-37}$$

这就形成了非线性 SVM 分类器，如式（2-38）所示：

$$f(x) = \sum_{i=1}^{N} a_i y_i \boldsymbol{\Phi}^{\mathrm{T}}(x_i)\boldsymbol{\Phi}(x) + b = \sum_{i=1}^{N} a_i y_i K(x_i, x) + b \tag{2-38}$$

常用的 SVM 核函数包括 3 种：多项式核函数、径向基核函数以及 Sigmoid 核函数。其表达式分别为式（2-39）、式（2-40）和式（2-41）。

$$k(x_i, x_j) = \left[1 + (x_i \cdot x_j) \right]^d \tag{2-39}$$

$$k(x_i, x_j) = \exp\left(-\frac{\| x_i - x_j \|^2}{2\sigma^2} \right) \tag{2-40}$$

$$k(x_i, x_j) = \tanh\left[\gamma(x_i \cdot x_j) + c \right] \tag{2-41}$$

本节经过对这几个核函数的试验，最终选择 Sigmoid 核函数作为本节 SVM 分类器的分类核函数。

2.2.2　验证试验与交通标志检测应用效果分析

本节的试验是基于 Matlab 环境，硬件配置为 Intel Core i5-6300U CPU，2.40 GHz，8G DDR3 存储器。操作系统为 Windows 10 64 位操作系统，Intel HD 520 视频处理系统。

1. 数据库再定义

本节采用两个著名的交通标志公开数据库 GTSDB 和 CTSD 作为检测的训练和测试库。无论是 GTSDB 还是 CTSD，都包含三大类——指示标志、警告标志、禁止标志。常见的交通标志检测算法是判断出其是否为交通标志，只做出交通标志与背景的区分。本节的方法除了检测出其是否为交通标志以外，还进一步细化，判断其是圆形交通标志还是三角形交通标志。本节的方法之所以分成两大类，是因为检测算法没有利用交通标志的颜色信息，同样的形状被视为一类。这就需要对交通标志数据库中的大类进行数据再定义，并且在数据库数据标定文件中表达出相应的再定义。图 2-30 展示了德国部分交通标志，图 2-31 展示了中国部分交通标志。数据库原本包括三大类，本节按照形状将交通标志重新归类成图 2-30 和图 2-31 蓝色虚线框所示的两大类。

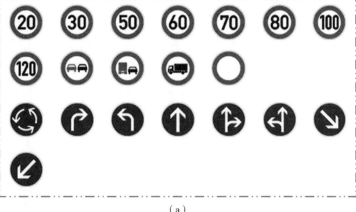

（a）

（b）

图 2-30　GTSDB 大类再定义（圆形、三角形）（附彩插）

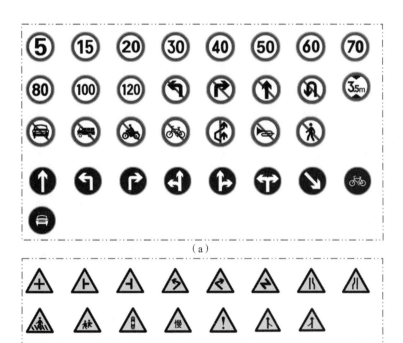

（a）

（b）

图 2-31　CTSD 大类再定义（圆形、三角形）（附彩插）

交通标志检测库 GTSDB 包括 900 张高清德国交通场景图。图像的大小为 1 360×800 像素，图像内的交通标志的大小处于 16×16 到 128×128 像素之间。这 900 张交通标志场景图像分为两部分，600 张作为训练库，用于检测算法的学习训练，300 张作为测试库，用于测试检测算法的检测性能。在训练库的 600 张训练样本中，一共有 1 213 个交通标志，每一张交通场景图有 0~6 个交通标志。在测试库的 300 个测试样本中，一共有 273 个交通标志，其中 161 个禁止交通标志、63 个警告交通标志以及 49 个指示交通标志。

中国交通标志检测库（Chinese Traffic Sign Dataset，CTSD）包含 1 100 张交通标志场景图，其中 700 张用于检测算法训练，400 张用于测试检测算法的检测效果。交通场景图的大小包括 1 024×768 和 1 280×720 两种。与德国交通标志数据库相同，中国交通标志数据库也包括具有红色边框、白色底色、黑色符号的环形的禁止交通标志，黑色边框、黄色底色、黑色符号的环形警告交通标志，蓝色底色、轻微白边、白色符号的指示交通标志。在 CTSD 测试库，一共 264 个禁止交通标志、129 个警告交通标志以及 139 个指示交通标志。

2. 简化 Gabor 特征提取性能分析

简化 Gabor 进行图像预处理的目的是强化边缘，但仅从强化边缘的研究需求的角度来说，强化边缘的算法有很多种，比如 Canny 算法，原始的 Gabor 函数在 $\sigma \cdot \omega \approx 1$ 的情况下也具有边缘强化的作用。衡量边缘强化算法通常依据三个方面的因素，一是边缘强化的视觉效果，二是边缘强化后特征图的有效信息量，三是边缘强化的计算时间。下面将比较分析这三种算法的特性。

首先，从处理的时间消耗角度来说，需要一个时间的度量标准。这三种边缘强化算法只涉及数学运算中的加和乘。在本节，采用的时间度量的标准是，对比在强化边的计算过程中所使用的加和乘的次数，加的数量不包括在算法中生成像素所需的操作，这是由于上述这三种方法在这方面的操作所需的计算量是相同的。由于在基于 TGW 的边缘检测中使用了短时傅里叶变换（FFT），因此假设图像大小是 2 的幂次。但对于 SGW 算法来说，图像的大小可以是任何尺寸，因为它是逐像素计算的，也就是说 SGW 特征可以每一个像素独立运算。表 2-10 展示了这三种方法计算复杂度的对比。

表 2-10 Canny、TGW 以及 SGW[47] 三种算法的运算复杂度比较

算法	加的次数	乘的次数
Canny	$40N^2$	$17N^2$
TGW	$48N^2 \log_2 N^2 + 16N^2$	$32N^2 \log_2 N^2 + 32N^2$
SGW	$18N^2$	$16N^2$

从表 2-10 中可以看出，与 Canny 算法、TGW 算法相比，基于 SGW 的边缘提取算法性能最好。需要说明的是，在本节的比较中，不管是 TGW 还是 SGW，其卷积核都是 4 个方向、2 个尺度，这和本节的算法所采用的结构相同。显而易见，在处理时间方面，SGW 具有明显的优势。需要强调的是，虽然 Canny 算法比 TGW 也要快很多，但 Canny 算法生成的特征图为二值图。二值图的图像信息非 0 即 1，或者说二值图的处理结果中其像素要不然判断为边，要不然就是非边。这样的处理结果会有两个负面的影响：一是对于比较模糊的边无法有效提取，造成信息丢失；二是从本节后面所需的交通标志检测中大类的分类显然需要更加复杂的特征表达，而二值图用于分类信息量过少，难以取得较好的效果。总的来说，与前两种边缘强化算法相比，SGW 不仅能够最大限度地保持原有图像的信息，而且在强化边的同时也节省了处理时间。

经过上文分析，可以明显地看出，SGW 具有较好的边缘增强的特征强化能力。下面将分析 SGW 对于非边区域的滤波效果。图 2-32 以及图 2-33 中的图像（a）是 RGB 色彩空间的交通场景图，图像（b）是上述 RGB 图所转换成的灰度图，图像（c）是 SGW 特征合成图。在图 2-32 以及图 2-33 中的两个灰度图上分别取一行像素形成一个一维向量，向量位置如图中黄色直线所示。在 SGW 特征合成图对应的位置也取同样的向量，向量位置如图中蓝色直线所示。为了让两个向量具有视觉可比性，把 SGW 特征合成图的向量通过式（2-42）进行转换。其中 $V_1(i)$ 表示从特征合成图上所取的向量，L 是向量 $V_1(i)$ 的长度。$V_2(x)$ 是转换后的向量。

$$V_2(x) = 255 - \frac{V_1(x)}{\max\{|V_1(i)|\}} \times 255, x = 1,2,\cdots,L, i = 1,2,\cdots,L \qquad (2-42)$$

在图 2-32（d）和图 2-33（d）中，对这两个向量进行了比较。其中橘黄色的曲线表示从灰度图上取得的一行像素构成的向量，蓝色曲线表示从 SGW 合成图上取得的一行像素构成的向量。在图 2-32（d）和图 2-33（d）中，红的虚线框内的向量对应图像（b）和图像（c）红色虚线框所框的区域。在（b）和（c）的红色虚线框中，对应着交通标志牌均匀涂上白色油漆的区域。显然，这个区域的图像颜色较为稳定，数值变化较小。从这两个图中的图像（d）可以看出，SGW 滤波以后曲线的振动幅值明显小很多，或者说，信号更加稳定，噪声降低。从视觉来看，这些涂有油漆的区域色彩更加平滑。这说明，SGW 滤波对于非边区域，尤其是较为稳定的非边区域，有一定的降噪和平滑的作用，这种特性极其有利于本节后部分所要采用的处理。在图 2-33（d）中，与黄色曲线总体上保持着倾斜相比，蓝色的曲线变得更加平衡。经过分析，这是因为交通标志牌的光照并不均匀。而通过 SGW 的滤波，从一定程度上克服了光照不均的问题。总的来说，经过 SGW 滤波后，与原始 RGB 图像相比，生成的特征图具有强化边缘区域、弱化非边区域噪声以及扭转光照不均等特性。这些特性对于目标检测、图像分类来说，是至关重要的。

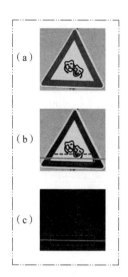

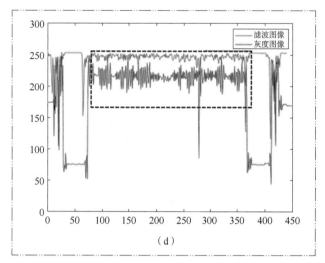

图 2-32　RGB 及 SGW 特征图的特征向量对比图（一）（附彩插）

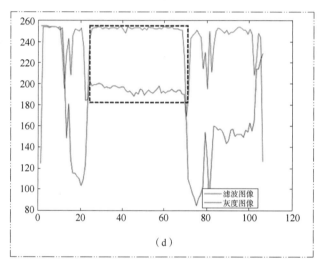

图 2-33　RGB 及 SGW 特征图的特征向量对比图（二）（附彩插）

3. SG-MSERs 区域推荐及筛选

为了验证本节算法的性能，采用召回率（Recall）、负正类率（False Negative）两个指标。召回率的定义如式（2-43）所示：

$$Recall = \frac{\text{True Positives Detected}}{\text{Total True Positives}} \times 100\% \tag{2-43}$$

式中，True Positives Detected 表示检测到的真目标数量，Total True Positives 表示真目标的总数。

表 2-11 展示了交通标志检测的区域推荐结果。从这个表中可以看出，通过基于简化 Gabor 预处理后进行求极大极稳定区域 MSERs，通过 GTSDB 数据库的训练和测试，仅有一个交通标志漏检，在 CTSD 上仅有两个交通标志漏检。本节的方法比文献［48］的检测效果

更加具有优势，比与直接在灰度图上求极大极稳定区域 MSERs 也有较好的改进。通过简化 Gabor 预处理，平均区域推荐的数量与其他两种方法相比有明显减少。需要说明的是，通过本节所定义的过滤规则，平均推荐区域的数量进一步降低而召回率得以保持。对于交通标志分类来说，较高的召回率以及较少的推荐区域数量，是保障分类准确率的重要基础和前提。

表 2-11　本节不同的方法与文献[48]的性能对比

项目	指标	GTSDB	CTSD
文献[48]	平均推荐区域数量	325	200
	召回率/FNs	(99.63%)，1	99.44%，3
	时间/ms	67	90
灰度图 + MSERs	平均推荐区域数量	388	321
	基于规则的过滤	118	99
	召回率/FNs	97.1%，8	98.12%，10
	时间/ms	40	38
SGW 特征图 + MSERs	平均推荐区域数量	276	178
	基于规则的过滤	83	56
	召回率/FNs	99.63%，1	99.62%，2
	时间/ms	46	41

4. SVM 大类分类

采用支持向量机（SVM）对推荐区域进行针对形状的交通标志的大类分类，分类目标是分类出推荐区域是否为交通标志以及交通标志所属的大类，即为圆形交通标志还是三角形交通标志。分类对象为通过 MSERs 在简化 Gabor 特征图上进行的区域推荐，以及基于本节所定义的过滤规则过滤后所留下的推荐区域。

首先，本节讨论了不同训练样本大小的选择以及 HOG 参数的选择。为了验证在不同参数下的分类效果，本节将训练数据归一化到 5 个不同的尺度大小。将 HOG 特征定义为 5 个不同的尺度，尺度的大小如表 2-12 所示。将不同尺度的训练样本根据各自的参数进行特征提取，然后将图像的 HOG 特征表达送入支持向量机训练，在训练的过程中不断调整参数形成与训练样本集匹配的检测分类器。为了验证这五种参数配置的分类性能，本节在 GTSDB 和 CTSD 数据集上进行验证。验证结果如表 2-13 所示。从表 2-12 和表 2-13 可以得出结论：随着样本大小和特征维数的增加，训练时间增加。虽然 HOG1、HOG4 和 HOG5 在检测时间上比 HOG2 快，但 HOG2 的检测精度高于其他 4 个 HOG 特征。为了保证检测率高，选择了 HOG2 作为检测特征。

表 2-12　SVM 所采用的不同的 HOG 参数

序号	大小	单元	块	步长	区间	梯度方向	维度
HOG1	24×24	6×6	12×12	6×6	9	(0, 2π)	324
HOG2	**36×36**	**6×6**	**12×12**	**6×6**	**9**	**(0, 2π)**	**900**
HOG3	42×42	6×6	12×12	6×6	9	(0, 2π)	1 296
HOG4	56×56	6×6	12×12	6×6	9	(0, 2π)	1 296
HOG5	64×64	6×6	12×12	6×6	9	(0, 2π)	1 764

表 2-13　不同 HOG 特征下的分类准确率

数据库	方法	检测准确率/%	平均检测时间/ms
GTSDB	HOG1+SVM	95.88	69
	HOG2+SVM	**99.33**	**93**
	HOG3+SVM	95.49	101
	HOG4+SVM	83.25	71
	HOG5+SVM	82.26	89
CTSD	HOG1+SVM	94.63	62
	HOG2+SVM	**97.96**	**79**
	HOG3+SVM	94.08	95
	HOG4+SVM	81.86	65
	HOG5+SVM	81.03	78

通过在 GSTDB 和 CTSD 两个数据库上的试验，在这两个数据库上的精度-召回率曲线如图 2-34 所示。其中精度的定义如式（2-44）所示。从图 2-34 可以看出，在相同的精度情况下，在 GSTDB 上的召回率要高于 CTSD。另外，GSTDB 数据库上，精度-召回率曲线下方的面积（Area Under Curve, AUC）大于 CTSD。这是因为 CTSD 数据库中的图像质量相比于 GSTDB 要差一些。与 GSTDB 中所有的图像大小一致不同，在 CSTD 中，图像有着不同的尺度。而且，CSTD 中的一些图片是在汽车驾驶室内拍摄，挡风玻璃的反光或者挡风玻璃上有雨水等原因，对图片的质量有负面影响。两个精度-召回率曲线下面积 AUC 分别是 0.993 3

和 0.979 6。这个结果表明，本节的检测方法检测性能较好。

$$\text{Precision} = \frac{\text{True Positives Detected}}{\text{All Detections}} \times 100\% \tag{2-44}$$

式中，True Positives Detected 表示检测到的真目标的数量，All Detections 表示所有检测到的目标的数量。

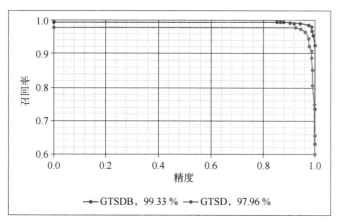

图 2-34　交通标志检测的精度-召回率曲线

5. 总体处理时间分析

表 2-14 统计了本节的方法在 GTSDB 和 CSTD 两个数据库上的检测时间的对比。从结果来看，在 CSTD 数据库上的处理时间要略低于 GTSDB 数据库上的处理时间。这是因为 CSTD 交通标志检测库的交通场景图的大小包括 1 024×768 像素和 1 280×720 像素两种尺度，而 GTSDB 中的图像尺度统一为 1 360 × 800 像素，GTSDB 中图像的尺度较大。因此，无论是 SGW 特征提取、MSERs 区域推荐，还是 HOG 特征转换，CSTD 上的时间消耗均较少。虽然 SVM 分类对象为推荐区域，但大尺度的图像往往推荐区域的数量较多，因此，在 SVM 分类阶段的耗时，GTSDB 同样要长一些。在这两个数据库上的每帧图片的平均处理速度分别为 133 ms 和 154 ms，相当于 7.5 帧/秒和 6.5 帧/秒，仅从检测的角度来说，基本上满足实时处理的需求。

表 2-14　每个阶段的处理时间

阶段	GTSDB/ms	CSTD/ms
SGW 滤波	17	15
MSERs	29	26
HOG 特征提取	93	79
SVM 分类	15	13
总体处理时间	154	133

6. 检测结果

图 2-35 展示了本节检测算法在不同的交通标志场景下的检测结果，其中绿色矩形框所覆盖的区域为检测算法所检测出的交通标志。在交通标志数据库 GTSDB 和 CSTD 中，这些交通标志已经属于非常小的交通标志了。该图中图像（a）是光线较为暗淡的交通场景，虽然在自然光照的环境下，这种场景不算光线状况最差，但由于车辆行驶的过程中，当交通场景的光线状况更为恶劣时，车辆会打开照明系统进行补光，因此这样的光照在实际的交通场景中属于光线较弱的交通场景图。图像（b）和图像（d）中，交通标志的光照不均匀，部分交通标志被阴影所覆盖。图像（c）中的交通场景图像在采集的过程中存在运动模糊，交通标志存在重影的问题。这些交通场景图中，有的包含一个交通标志，有的包含多个形状相同或者不同的交通标志。从检测结果来看，场景中的交通标志均能准确检测到，并且检测框和交通标志紧致包围，检测效果较好。

图 2-35　交通标志检测结果示例（附彩插）

2.2.3　小　结

本节提出了基于 SG-MSERs 的区域推荐以及基于 SVM 进行大类分类的交通标志检测算法。为了采用传统 Gabor 在特定参数下的边缘强化能力并且克服多核 Gabor 特征提取所容易造成的实时应用难以接受的时间消耗，提出通过简化 Gabor 进行边缘强化的特征提取方法。这样既能起到相近的边缘强化效果，又能大幅度地降低处理时间。经过试验分析，发现简化 Gabor 具有边缘强化和非边区域噪声抑制或者非边区域平滑的能力，基于这一特性，构建了基于简化 Gabor 的极大极稳定区域推荐算法 SG-MSERs。试验结果表明，SG-MSERs 能够做到在保证正样本区域得到推荐的同时，大大地减少了负样本推荐区域的数量，这将为后期检测阶段的大类分类节省大量的处理时间。由于交通标志检测库的小样本属性，本节采用样本规模依赖度低的 SVM 分类器进行交通标志大类分类。为了充分利用 HOG 特征与 SVM 的良好匹配性，同时克服 HOG 特征善于表达纹理而在边缘特征表达方面能力不足的问题，本节提出了基于简化 Gabor 的 HOG 特征提取方法，SG-HOG 既能够强化 HOG 的边缘表达能力，也能够利用 HOG 特征与 SVM 分类器的良好匹配性能。本节通过试验对 HOG 的参数进行筛选，得到了适合交通标志检测的参数配置。试验结果表明，本节的算法具有较好的检测速度和准确率，在 GTSDB 数据库上达到 6.5 帧/秒的处理速度以及 99.33% 的检测准确率，在 CSTD 数据库上达到 7.5 帧/秒的处理速度以及 97.96% 的检测准确率。

2.3　复杂交通大场景多目标检测技术

在交通场景中进行车辆和行人以及其他类型的目标检测与识别是目标检测应用技术的重要分支，而且还是机器人和智能视频监控以及自动驾驶等研究领域的核心关键技术，具有极好的应用前景与重要的研究意义[49]。

深度学习为基于深层人工神经网络的学习方法[50]、基于深度学习框架的目标检测算法，可以在多种复杂检测场景中得到应用[51-54]，性能综合、全面，并且具有较强的主动性，能够同时进行多类别目标的检测和识别任务。各种类型的人工神经网络结构中，深度卷积网络具有强大的特征提取能力，因此用于图像分类的网络框架日益增多，深度卷积网络在特征提取方面的优势得到了不断提升，在场景分类、图像识别、目标检测、图像分割等多种类视觉任务中，都取得了非常好的效果[55]。

R-CNN（其中 R 对应于 "区域"）系列目标检测框架是基于深度学习的，其中的最佳方法是 Faster R-CNN[56]。Faster R-CNN 从技术上讲，属于 RPN 网络和快速 R-CNN 网络的结合，RPN 获得的方案直接连接到 ROI 池层，ROI 池层是在 CNN 网络中实现端到端目标检测的框架。

YOLO[57] 是一种新的物体检测方法，具有检测速度快、准确度高的特点。作者认为物体检测任务是物体面积预测和类别预测的回归问题。该方法使用单个神经网络直接预测项目边界和类别概率，实现端到端项目检测。同时，该方法的检测速度非常快，基本版本可以实现 45 帧/秒的实时检测；Fast-YOLO 可以达到 155 帧/秒。与当前最佳系统相比，YOLO 目标区域具有更大的定位误差，但是背景预测的假阳性优于当前最佳方法。

SSD（Single Shot MultiBox Detector）检测框架，是目前为止几种最主要的检测框架之一[55]，与 Faster R-CNN 相比在运行速度上具有明显的优势，与 YOLO 相比在平均准确率均值（mAP）上又有明显的优势。SSD 具有如下主要特点：从 YOLO 中继承了将检测转化为回归问题的思路，一次即可完成网络训练，加入基于特征金字塔的检测方式。尽管 SSD 在特定数据集上已经取得了较高的准确率,具有较好的实时性,但是模型的训练过程非常耗时,对训练样本的质和量依赖严重;并且它对低分辨率弱小目标和缺乏图像信息的大面积遮挡目标等特殊情形的目标检测效果不够理想;算法检测效率仍然有待提高,以满足装备运行实时性的要求。

本节针对复杂大交通场景下行人、车辆目标检测任务的特点和需求,对传统 SSD 算法进行了以下四点改进。

(1)受深度神经网络训练所得初级特征卷积核形态启发,结合人眼生物视觉特性,设计构造了由多尺度 Gabor、多形态 Gabor 以及彩色 Gabor 构成的 Gabor 特征卷积核库,针对交通场景中需要检测的多目标自身特性,通过训练筛选得到最优特征提取 Gabor 卷积核组以替换原有特征提取网络模型 VGG Net 用于区域基础特征提取的低级卷积核组,得到新的特征提取网络 Gabor VGG Net,极大增强了 SSD 对多类目标的区分能力。

(2)针对 SSD 在大交通场景下对于低分辨率弱小目标检测困难的问题,利用增强学习和顺序搜索方法,结合大交通场景目标检测任务的特点和需求,提出了一种动态区域放大网络框架(Dynamic Region Zoom-in Network,DRZN),该网络框架通过下采样图像,大幅降低了运算量,同时通过动态区域放大,保持了高分辨率图像中不同尺寸目标的检测精度,对低分辨率弱小目标的检测与识别精度提高效果明显,降低检测漏警率。

(3)针对传统 SSD 检测框架采用固定置信度阈值进行检测造成的自适应性差的缺陷,利用模糊阈值法进行阈值自适应调整来降低漏警率和虚警率。

(4)为了实现在低功耗移动和嵌入式设备上实时进行视频对象检测,将单图像多目标检测框架与卷积长短期记忆(Long Short Term Memory,LSTM)网络相结合,形成交织循环卷积结构,通过使用一个高效的瓶颈 LSTM 层提炼和传播帧间的特征映射实现了网络帧级信息的时序关联,同时极大降低了网络计算成本。利用 LSTM 的时序关联特性,结合动态卡尔曼滤波算法,实现了对视频中受光照变化、大面积遮挡等强干扰影响目标的追踪识别。

试验表明,改进后的 AP-SSD 可以有效应对多目标、弱小目标、光照变化、杂乱背景、大面积遮挡、模糊等检测难度较大的情况,基本能够实现实时视频多目标检测。

2.3.1 改进的特征提取网络 Gabor VGG Net

1. SSD 特征提取网络

作为一种特殊的深层神经网络模型,卷积神经网络的权值共享和非全连接的网络结构,使得它与生物神经网络结构更加相似,网络模型的复杂度得到了简化,权值的数量得到了减少[58]。

深度卷积神经网络可以将特征的提取和识别结合起来,可以通过反向传播不断地进行优化,将特征的提取过程变为一个自主学习的过程,避免了由于人工选取特征造成的局限性。常见的主要深度卷积神经网络模型有 Alex Net、Le Net、GoogLe Net、Res Net、VGG Net 等。SSD 中的特征提取网络模型是 VGG Net 中的 VGG-16 模型，共 16 层（不包括池化和全连接（Softmax）层），使用 3×3 的卷积核，采用大小为 2×2，步长为 2 的最大池化，卷积层深度依次为 64→128→256→512→512。泛化性能较好，容易迁移到其他的图像识别项目上，且可以下载 VGG Net 训练好的参数进行很好的初始化权重操作。模型结构如图 2-36 所示[55]。

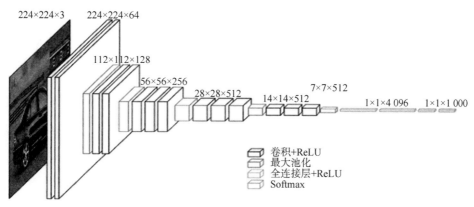

图 2-36　VGG-16 网络模型架构

2. 仿光感细胞的 Gabor 卷积核设计

训练深度卷积神经网络的某一个卷积层实际上是在训练一系列的滤波器，让这些滤波器对特定的目标有高的敏感激活度，以达到深度卷积神经网络的识别、检测等目的。卷积神经网络的第一个卷积层的滤波器组用来检测低阶特征，随着卷积层的增加，对应滤波器检测的特征就更加复杂。在训练开始之时，卷积层的滤波器是完全随机的[58]，它们不会对任何特征激活，即不能检测任何特征[59]。通过深度卷积神经网络可视化工具箱——yosinski/deep-visualization-toolbox[60]，对 CNN 模型进行可视化得到的各级特征卷积核示例如图 2-37 所示。

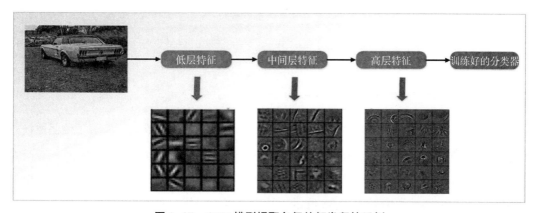

图 2-37　CNN 模型提取各级特征卷积核示例

Gabor 小波变换与人类视觉系统中简单细胞的视觉刺激响应非常相似，它在提取目标的频域特征和局部空间信息方面具有良好的特性，对图像的对比度、亮度的改变以及目标姿态的变化具有很强的适应能力。另外，它使对目标识别最有用的局部特征得到了表达，因此在计算机视觉和纹理分析方面得到了广泛应用。与其他方法相比，Gabor 小波变换可以进行较少数据量的处理，以满足系统对实时性的要求；此外，小波变换对光的变化不敏感，在一定程度上可以容忍图像的变形和旋转，使得系统的鲁棒性得到提高[61]。

二维 Gabor 小波函数的核如式（2-45）所定义：

$$G_{u_1,v_1} = \frac{\| k_{u_1,v_1} \|^2}{\sigma_1^2} \exp\left(-\frac{\| k_{u_1,v_1} \|^2 \| z_1 \|^2}{2\sigma_1^2}\right) \left[\exp(ik_{u_1,v_1}z_1) - \exp\left(-\frac{\sigma_1^2}{2}\right)\right] \quad (2-45)$$

式中，u_1、v_1 分别代表的是方向和尺度；z_1 代表某一位置的坐标点；能量光谱的减弱用 $\frac{\| k_{u_1,v_1} \|^2}{\sigma_1^2}$ 进行补偿；$\exp(ik_{u_1,v_1}z_1)$ 代表振荡函数，它的实部是余弦函数，虚部是正弦函数，$\exp\left(-\frac{\| k_{u_1,v_1} \|^2 \| z_1 \|^2}{2\sigma_1^2}\right)$ 代表的是高斯包络函数；σ_1 代表的是高斯函数半径；滤波器中心频率用 k_{u_1,v_1} 表示。

输入图像 $I(x,y)$ 和 Gabor 核 G_{u_1,v_1} 之间的卷积过程如式（2-46）所示：

$$O_{u_1,v_1}(x,y) = I(x,y) * G_{u_1,v_1}(x,y) \quad (2-46)$$

式中，$*$ 代表卷积因子；代表相应于尺度 u 和方向 v 的卷积图像。

传统 Gabor 滤波器可用来提取在不同方向、不同尺度上频域的相关特征。但是，在实际应用中我们发现，二维 Gabor 函数也具备类似于增强图像底层特征如轮廓、脊、峰、谷、边缘等的能力。二维 Gabor 函数的数学表达式如式（2-47）所示，式（2-48）是函数的实部，式（2-49）是函数的虚部[61]。

$$g(x,y,\lambda_1,\theta_1,\psi_1,\sigma_2,\gamma_1) = \exp\left(-\frac{x'^2 + \gamma_1^2 y'^2}{2\sigma_2^2}\right) \exp\left(i\left(2\pi\frac{x'}{\lambda_1} + \psi_1\right)\right) \quad (2-47)$$

$$g(x,y,\lambda_1,\theta_1,\psi_1,\sigma_2,\gamma_1) = \exp\left(-\frac{x'^2 + \gamma_1^2 y'^2}{2\sigma_2^2}\right) \cos\left(2\pi\frac{x'}{\lambda_1} + \psi_1\right) \quad (2-48)$$

$$g(x,y,\lambda_1,\theta_1,\psi_1,\sigma_2,\gamma_1) = \exp\left(-\frac{x'^2 + \gamma_1^2 y'^2}{2\sigma_2^2}\right) \sin\left(2\pi\frac{x'}{\lambda_1} + \psi_1\right) \quad (2-49)$$

式中，x、y 代表像素点坐标，$x' = x\cos\theta + y\sin\theta$，$y' = -x\sin\theta + y\cos\theta$，$\lambda_1$ 表示正弦函数波长；θ_1 表示核函数的方向；ψ_1 表示相位偏移；σ_2 表示高斯函数的标准差；γ_1 表示空间的宽高比。二维 Gabor 函数的实部可以用来对图像进行平滑滤波，虚部可以用来对图像进行边缘检测。滤波器的实部、虚部示意图如图 2-38 所示，其中左侧为实部，右侧为虚部。

传统的卷积核一般都是长方形或正方形的，但微软亚洲研究院（MSRA）提出了一个相

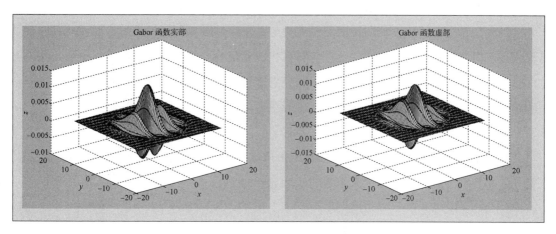

图 2-38　Gabor 滤波器三维示意图

当反直觉的见解，认为卷积核的形状可以是变化的，变形的卷积核能让它只看感兴趣的图像区域[62]，这样识别出来的特征更佳。通过试验我们发现，Gabor 滤波器卷积核的形态对 Gabor 滤波器边缘增强的对象和效果具有决定性的影响。不同结构类型 Gabor 滤波器对与其尺度、方向、中心位置、相位、结构类型相一致的图像内容形成最优响应。为了让 Gabor 滤波器能够提取更加复杂、丰富的边缘和纹理特征信息，我们引入了参数 k_1、k_2、k_3、k_4、k_5 对 Gabor 卷积核实部进行调整，如式（2-50）所示：

$$g(x,y,\lambda_1,\theta_1,\psi_1,\sigma_2,\gamma_1,k_1,k_2,\cdots,k_5) = \exp\left(-\frac{x'^2 + \gamma_1^2 y'^2}{2\sigma_2^2}\right)\cos\left(2\pi\frac{(k_1 \times x'^{k_2} + y'^{k_3} + k_4)^{k_5}}{\lambda_1} + \psi_1\right)$$

$$(2-50)$$

图 2-39 是由式（2-50）构造的部分二维 Gabor 滤波器卷积核，参数 k_2、k_3、k_5 决定卷积核的结构类型，参数 k_1、k_4 决定 Gabor 滤波器卷积核的方向与相位，从而实现更加复杂、丰富的边缘和纹理特征信息的提取。

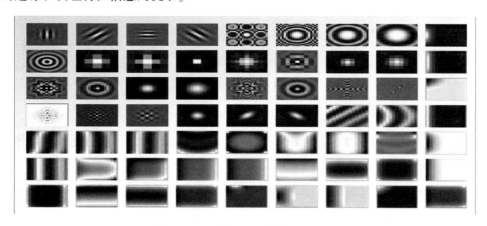

图 2-39　二维 Gabor 滤波器卷积核

　　颜色特征数据量小、计算效率高，并且与其他视觉特征相比较而言，颜色特征对图像的尺寸、视角以及方向依赖性较弱，因而具有更好的鲁棒性和更低的复杂度。传统 Gabor 滤波器仅仅用于对灰度图像提取边缘、纹理等特征，忽略了在图像目标检测中发挥重要作用的颜色信息。受深度卷积神经网络训练获得的彩色卷积核启发，我们以神经网络训练得到的彩色卷积核为参考，通过重构的方式构造了三维彩色 Gabor 滤波器，用于对彩色图像颜色特征的激活。

　　目前最常用的彩色信息表达方式就是 RGB 彩色空间，是以 R（红）、G（绿）、B（蓝）三色光互相叠加实现混色的方式来定量表示颜色。

$$C_{\text{color}} = [rR] + [gG] + [bB] \tag{2-51}$$

　　人的眼睛中有分别对红、绿、蓝三种波长的光线敏感的不同的三种锥细胞，景物的颜色通过大脑分析由各个锥细胞输入的信息来进行感知[62]。模仿人眼的视觉机理，我们将一个二维 Gabor 滤波器视为对三维颜色空间的一个颜色分量进行颜色特征检测的滤波器，依据需要提取的目标颜色特性，构造三个颜色分量的相互关系，分别得到其他两个颜色分量的 Gabor 滤波器，将这三个二维滤波器通过合成即可获得用于提取指定目标颜色特征的彩色 Gabor 滤波器。

$$gb_{\text{C}} = gb_{\text{R}} + gb_{\text{G}} + gb_{\text{B}} \tag{2-52}$$

式中，gb_{R} 代表彩色 Gabor 在 R 颜色通道上的二维 Gabor 滤波器，gb_{R} 卷积核的形态由式（2-50）所确定。gb_{G}、gb_{B} 分别为彩色 Gabor 在 G、B 颜色通道上的二维 Gabor 滤波器。在经典的感受野中，包含有红、绿、蓝、黄四个分量，拥有四种感受野[63]。为了模仿人眼视觉细胞对颜色的感知，我们以神经网络训练得到的彩色卷积核为参考，通过模仿重构的方式，总结出各颜色通道之间的数学关系，如式（2-53）、式（2-54）所示：

$$gb_{\text{G}} = \begin{cases} 255 - gb_{\text{R}}, & \text{R\&G 或 Y\&B} \\ gb_{\text{R}}, & \text{R\&G\&B\&Y 或 R\&B} \end{cases} \tag{2-53}$$

$$gb_{\text{B}} = \begin{cases} 255 - gb_{\text{R}}, & \text{R\&G\&B\&Y} \\ gb_{\text{R}}, & \text{R\&G} \\ 255 - gb_{\text{G}}, & \text{Y\&B} \\ gb_{\text{G}}, & \text{G\&B} \end{cases} \tag{2-54}$$

　　后面的约束条件为彩色 Gabor 敏感的目标颜色，例如 R&G 表示目标主色为红色和绿色，Y 代表黄色。部分彩色 Gabor 效果如图 2-40 所示。

　　通过对比分析我们可以发现，深度卷积神经网络通过训练获取的提取基础特征的卷积核在形态上与 Gabor 卷积核存在极大的相似度，受这种现象的启发，我们假设采用构造的多形态 Gabor、多尺度 Gabor、多方向 Gabor、彩色 Gabor 组成的最优 Gabor 滤波器组替代深度卷

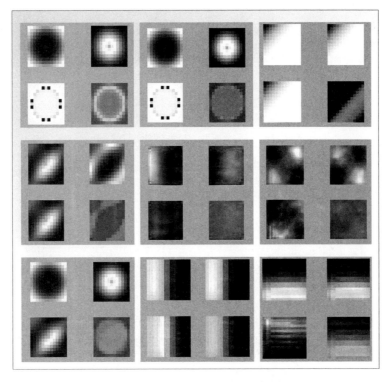

图 2-40　三维彩色 Gabor 滤波器卷积核

积神经网络通过训练获取的提取基础特征的卷积核，可以有效提高深度卷积神经网络的训练与运行效率，以及所提取特征的区分度，最终有效提高算法整体的运行效率与目标检测精度[64-68]。

3. 智能优化最优 Gabor 卷积核组筛选

人眼视网膜上主要光感受器按其形状可分为两大类，即视杆细胞和视锥细胞。视锥细胞在中央凹处分布密集，而在视网膜周边区相对较少。视锥细胞主要负责昼光觉，有色觉，光敏感性差，但视敏度高。视杆细胞在中央凹处无分布，主要分布在视网膜的周边部，视杆细胞对暗光敏感，故光敏感度较高，视物无色觉。在人的视网膜中，视锥细胞有600万~800万个，视杆细胞总数达 1 亿以上[62]。模仿人眼视觉机理，我们用二维 Gabor 滤波器模拟视杆细胞，用彩色 Gabor 滤波器模拟视锥细胞，整个滤波器组中，两者的比例按照 10∶1 进行设计。

为了能够有效提高算法整体的检测精度，构造合理的 Gabor 特征提取卷积核组提取具有区分度的多特征具有重要意义。最优 Gabor 卷积核组的筛选流程如图 2-41 所示。

首先由式（2-50）和式（2-51），通过变换参数的方式构造一个包含多种形态的二维 Gabor 库，由式（2-53）、式（2-54）可以构造一个同等规模的彩色 Gabor 库，再构造分别只单独含有人、骑行者、车辆的小规模测试图像集（三个目标各 20 张，共 60 张）。从两个

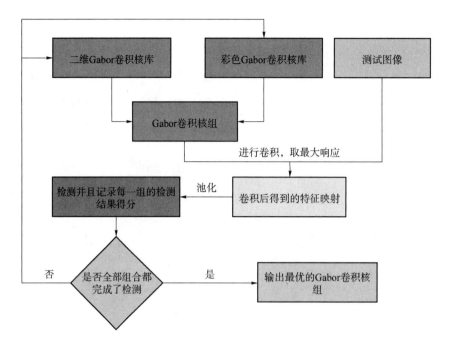

图 2-41 最优 Gabor 卷积核组的筛选流程

Gabor 库中各随机不重复抽取卷积核，组成卷积核组，每个卷积核组对测试集的图像逐张进行卷积，通过非极大值抑制获得对应的特征映射，将特征映射经过池化转换为特征向量，输入通过小样本数据训练好的传统 SSD 检测框架中全连接层即 Softmax 分类器[69]，可获得测试图像目标的检测置信度，将测试集全部置信度的均值作为该卷积核组特征提取有效性的评价分数，取最高评价分数对应的卷积核组作为最佳卷积核组。

Gabor 库的规模，依据实际需求的卷积核组中卷积核的个数来合理确定，Gabor 库的规模太大时则运算量过大，太小时则不具备代表性，信息量也不够全面。从总数为 n_1 的库中挑选 m_1 个卷积核的组合方式如式（2-55）所示：

$$C_1 = C_{n_1}^{m_1} = \frac{n_1!}{m_1!\,(n_1 - m_1)!} \tag{2-55}$$

为了避免因为组合过多造成的数据爆炸，以及数据库规模太小造成的特征提取不全面，我们在进行卷积核抽选时，将二维 Gabor 卷积核中每 10 个随机组成一组，将彩色 Gabor 卷积核中每 18 个随机组成一组，以组为单位进行组合。构造的 Gabor 库规模为 180 个卷积核。

图像特征提取的优劣直接影响最终图像处理的效果。一般情况下，池化层紧接卷积层，卷积与池化成一一搭配关系。池化是将卷积产生的特征图先划分为互不相交的区域，然后在每个区域中找一个统计量作为该区域的池化值。过大的池化域容易造成局部信息的丢失，过小则不能达到降维的目的，最恰当的池化域为不带重叠的 2×2 以及 3×3。

2.3.2　对于低分辨率弱小目标检测困难问题的改进

SSD 采用了特征金字塔结构进行检测，即检测时利用了 Conv4_3、Conv_7（FC7）、Conv6_2、Conv7_2、Conv8_2、Conv9_2 这些大小不同的特征图（Feature Maps），在多个特征图上同时进行 Softmax 分类和位置回归，对弱小目标有较好的检测精度，但是在复杂大交通场景下，对低分辨率弱小目标的检测效果仍然不够理想。SSD 的网络架构如图 2-42[57] 所示。

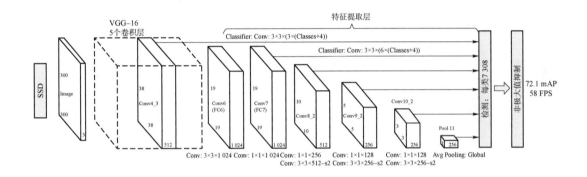

图 2-42　SSD 网络架构

针对 SSD 存在的复杂大场景下对于低分辨率弱小目标检测困难的问题，本节提出了一种动态区域放大网络框架（Dynamic Region Zoom-in Network，DRZN），该网络框架通过对高分辨率大场景图像进行下采样，降低了目标检测的计算量，同时通过动态区域放大保持了高分辨率图像中低分辨率弱小目标的检测精度，对弱小目标的检测与识别精度的提高效果明显。检测以从粗到细的方式进行，首先对图像的下采样版本进行检测，然后对被识别为可能提高检测精度的区域顺序放大至较高分辨率版本再进行检测。该方法建立在增强学习的基础上，由一个放大精度增益回归网络（R-Net）和一个放大区域动态选择算法（Zoom-in Region Choose）[65] 两部分组成，前者学习粗检测和精检测之间的相关性，并预测放大区域的精度增益，后者依据前者学习和预测结果动态选择需要被放大的区域。

首先对图像的下采样版本执行粗略检测，以降低运算量，提高运行效率，然后顺序地选择可能存在低分辨率小目标的区域进行放大操作和分析，以保证对低分辨率小目标的识别精度。我们采用强化学习方法从检测精度和计算成本两个方面对放大奖励函数进行建模，并动态选择一系列区域放大至高分辨率再进行分析。算法总体框架如图 2-43 所示。

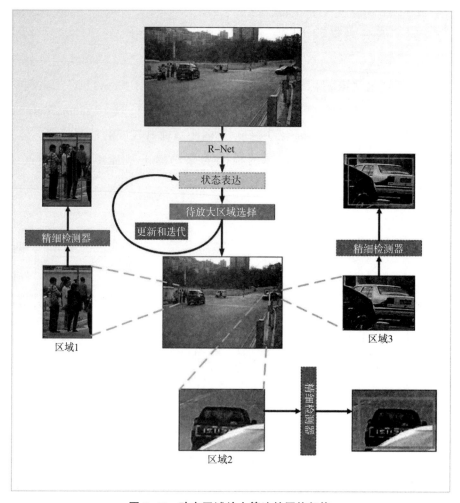

图 2-43 动态区域放大算法的网络架构

1. 放大精度增益回归网络 R-Net

1）顺序搜索

处理高分辨率大场景图像的策略是避免处理整个图像，而是顺序地检测疑似目标的小区域[65]。

2）强化学习（Reinforcement Learning，RL）

RL 是用于学习顺序搜索策略的通用机制，因为它允许模型考虑一系列动作的效果而仅仅是单个动作的效果[70]。本节算法采用由粗到细的检测策略，在低分辨率下应用粗检测器，并利用该检测器的输出结果来指导对高分辨率目标的深入搜索。虽然粗略检测器将不如精细检测器精确，但它会识别需要进一步分析的图像区域，从而仅在有希望的区域中产生高分辨率检测的运算成本。

该算法的主要应用由两个机制组成：①学习粗检测器和细检测器之间的统计关系的机制，以便在给定粗检测器输出的情况下预测哪些区域需要放大。②用于在给定粗略检测器输出和需要由精细检测器分析的区域的情况下选择要以高分辨率分析区域的序列的机制[71-81]。

本节策略可以被表述为马尔可夫决策过程[82]。在每个步骤中，系统先观察当前状态，估计采取不同行动的潜在成本感知回报，并选择具有最大长期成本感知回报的行动[74]。其要素包括：动作、状态集、损失回报函数。

（1）动作。该算法以高分辨率依次分析具有高放大回报的区域。在此上下文中，动作对应于选择要以高分辨率分析的区域。每个动作可以由向量 (x,y,w,h) 来表示；其中 (x,y) 表示指定区域位置，(w,h) 表示指定区域的大小。在每个步骤中，该算法根据潜在的长期奖励函数对采取一组潜在的动作（矩形区域的列表）进行评分。

（2）状态集。表示编码两种类型的信息是：待分析区域的预测精度增益和已经以高分辨率分析的区域的历史（同一区域不应被多次放大）。我们设计了一个放大精度增益回归网络（R-Net）来学习信息精度增益图（AG Map）作为状态表示。AG Map 具有与输入图像相同的宽度和高度。AG Map 中的每个像素的值是对输入图像中包括那个像素可以提高多少检测精度的估计。所以，AG map 提供了用于选择不同动作的检测精度增益。在采取动作之后，对应于 AG 映射中所选区域的值相应地减小，因此 AG 映射可以动态地记录动作历史。

（3）损失回报函数。状态对放大每个图像子区域的预测精度增益进行编码。为了在有限的计算量下保持高精度，我们定义了一个损失回报函数，如式（2-56）所示。给定状态和动作，损失回报函数通过考虑成本增量和精度改进对每个动作（缩放区域）进行评分。

$$R(s_{tates},a_{ctions}) = \sum_{k \in a_{ctions}} |g_k - p_k^l| - |g_k - p_k^h| - \lambda_2 \frac{b_1}{B} \tag{2-56}$$

其中，动作中 k 表示目标 k 包含在由动作选择的区域中。p_k^l 和 p_k^h 表示对同一目标粗略检测器和精细检测器的目标检测分数，且 g_k 是对应的目标真实标签。变量 b_1 表示所选区域中的像素总数，B 表示输入图像的像素总数。式（2-56）中第一项表示检测精度的提高，第二项表示放大成本。精度和计算之间的平衡由参数 λ_2 控制。

放大精度增益回归网络（R-Net）基于粗略检测结果预测特定区域上放大的精度增益。R-Net 在粗检测和精检测数据对上进行训练，以便它可以观察它们如何相互关联以学习适当的精度增益关系[81]。

由于 SSD 在许多计算机视觉应用中的成功，我们使用 SSD 作为基础检测器。两个 SSD 分别在高分辨率精细图像组成的训练集和低分辨率粗图像组成的训练集上进行训练，并随后用作黑盒粗略和精细检测器。我们将两个预先训练好的检测器——下采样图像中的低分辨率检测 $\{(d_i^l,p_i^l,f_i^l)\}$ 和在每个图像的高分辨率版本中的高分辨率检测 $\{(d_j^h,p_j^h)\}$ 应用于一组训练图像并获得两组图像检测结果，其中 d 是检测边界框，p 是作为目标对象的概率，f 表示相应检测的特征向量。我们使用上标 h（High）和 l（Low）来表示高分辨率和低分辨率（下采样）图像。

为了使模型判别高分辨率检测是否改善了整体检测结果，我们引入了一个匹配层，将两个检测器产生的检测结果关联起来。在该层中，如果发现下采样图像中的可能对象 i 和高分辨率图像中的可能对象 j 具有足够大的交集 $\text{IoU}(d_i^l, d_j^h)$（$\text{IoU} > 0.5$），则定义 i 和 j 为彼此对应。我们按照规则对粗检测方案和精检测方案进行匹配，并生成它们之间的一组对应关系[81]。

给定一组对应关系 $\{(d_k^l, p_k^l, p_k^h, f_k^l)\}$，可以估计粗检测的放大精度增益。检测器只能处理一定范围内的对象，因此将检测器应用于高分辨率图像并不总是产生最佳精度。例如，如果检测器主要在小目标数据集上进行训练，则该检测器对较大目标的检测精度并不高。因此，我们使用 $|g_k - p_k^l| - |g_k - p_k^h|$，来测量哪个检测结果（粗略或精细）更接近事实，其中 $g_k \in \{0, 1\}$ 作为真实标签的度量。当高分辨率分数 p_k^h 比低分辨率分数 p_k^l 更接近基本事实时，该函数表示此目标值需要放大。否则，在下采样图像上应用粗略检测器可能产生更高的精度，因此我们应该避免放大该目标。我们使用相关回归（CR）层来估计目标 k 的放大精度增益，如式（2-57）所示：

$$\min_{W_1} (|g_k - p_k^l| - |g_k - p_k^h| - \phi(W_1, f_k^l))^2 \tag{2-57}$$

式中，ϕ 代表回归函数，W_1 代表参数集。该层的输出是估计的准确度增益。CR 层包含两个完全连接的层，第一层有 4 096 个单元，第二层只有 1 个输出单元。

根据每个目标的学习准确性增益可以生成 AG Map。我们假设候选边框内的每个像素对其准确性增益具有同等的贡献。因此，AG Map 生成为式（2-58）：

$$AG(x,y) = \begin{cases} \alpha \dfrac{\phi(\hat{W}, f_k^l)}{b_k}, & (x,y) \subset d_k^l \\ 0, & \text{其他} \end{cases} \tag{2-58}$$

式中，(x,y) 表示点 (x,y) 在边界框 d_k^l 内，b_k 表示包含在 d_k^l 中的像素数，α 是一个常数，$\hat{W}$ 表示 CR 层的估计参数。AG Map 用作状态表示，它自然包含粗略检测质量的信息。在对区域进行放大和检测后，区域内的所有值均设置为 0，以防止未来在同一区域再次进行缩放。放大精度增益回归网络 R-Net 结构图如图 2-44 所示。

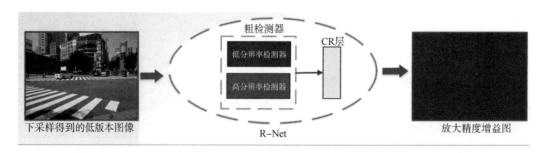

图 2-44 R-Net 网络框架

2. 动态放大区域选择算法

通过 R-Net 我们获得了 AG Map，AG Map 中每个像素的值是对输入图像中包括这个像素时可以提高多少检测精度的估计。所以，AG Map 提供了用于选择不同动作的检测精度增益。在采取动作之后，对应于 AG 映射中所选区域的值相应地减小，因此 AG 映射可以动态地记录动作历史。依据 AG Map 我们提出了一种动态放大区域选择算法，具体算法流程如图 2-45 所示。

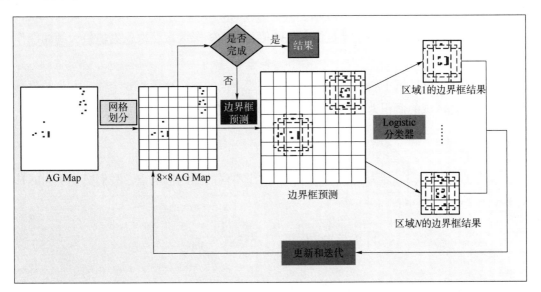

图 2-45　动态放大区域选择流程

首先将 AG Map 按照 8×8 网格划分为等额矩形区域，统计每个矩形中像素值的总和，设定阈值，选择区域中心块，以每个区域中心块为中心的 3×3 个矩形构成放大筛选区域，同一个放大筛选区域类如果有多个满足像素值阈值条件的矩形区域，取像素值最大的那个作为区域中心，如果区域中心取在大正方形的边上，通过增补同尺寸空白小正方形的方式构成 3×3 的放大筛选区域。在放大筛选区域内，以放大筛选区域中心点为中心，按照不同的长宽比，构造 4 个不同长宽比的预测包围盒，通过比较各个预测包围盒包含区域的构造指标（像素值、比例、面积）选出最佳放大区域包围盒。

网格划分后的 AG Map 中矩形区域内 rtg_i 的总像素值 $s_{\mathrm{ump}}x_i$，如式（2-59）所示：

$$s_{\mathrm{ump}}x_i = \sum_{j \in \mathrm{rtg}_i} \mathrm{px}_j \tag{2-59}$$

式中，px_j 代表 rtg_i 区域内第 j 个像素点的像素值，$s_{\mathrm{ump}}x_i$ 值越大，代表矩形区域 rtg_i 的放大收益越大，将高放大收益的区域作为中心符合人眼对区块领域相关性的认识。我们通过二阶差分法自适应选取像素值阈值，完成区域中心块的初筛选。对于一张 AG Map 进行检测，我们默认得到 64 个候选区域，对于每一个候选区域都可以得到一个总体像素值 $s_{\mathrm{ump}}x_i$，用来表示放大收益，故共可以得到 64×1 的数组，当元素小于 0.1 时判为没有目标被舍去，从而

得到 $n×1$ 维的数组 C。假设函数 $f(g)$ 用来估计 $s_{ump}x_i$ 由大减小变化的趋势，如式（2-60）所示：

$$f(C_k) = \frac{(C_{k+1} - C_k) - (C_k - C_{k-1})}{C_k}, \ k = 2,3,\cdots,n-1 \tag{2-60}$$

则将 $f(C_k)$ 取最大值时的 C_k 作为此 AG Map 图像的 $s_{ump}x_i$ 阈值。

为了减少区域放大精检测的计算量，有效提高算法的效率和实时性，同时又要保证所选区域有较好的包容度，我们以每个区域中心块为中心的 3×3 个矩形构成放大筛选区域，同一个放大筛选区域类如果有多个满足像素值阈值条件的矩形区域，取像素值最大的那个作为区域中心。

我们以放大筛选区域中心点为中心位置，按照不同的长宽比预测 6 个固定大小的预测包围盒，放大筛选区域的面积为 s_Z，每个预测包围盒的面积如式（2-61）所示：

$$s_k = s_{min} + \frac{s_{max} - s_{min}}{m-1}(k-1), \ k = 1,2,\cdots,5 \tag{2-61}$$

式中，$s_{min} = s_Z × 0.1$，$s_{max} = s_Z × 0.7$，$m = 5$，对于不同的预测包围盒，我们赋予不同的长宽比，如式（2-62）所示：

$$a_r = \frac{W}{H}, \ a_r \in \left\{ 1,2,3,\frac{1}{2},\frac{1}{3} \right\} \tag{2-62}$$

式中，W、H 分别表示包围盒的宽和长。则预测包围盒对应的宽和长分别为 $H_k = \sqrt{\dfrac{s_k}{a_r}}$，$W_k = \sqrt{a_r \cdot s_k}$。当 $a_r = 1$ 时还有一个预测包围盒，规模为 $s_k' = \sqrt{s_k \cdot s_{k+1}}$，即一共有 6 个预测包围盒。对于任一个包围盒 b_1，计算盒内的像素总值 $s_{ump}x_i$ 为

$$s_{ump}x(b_l) = \sum_{i \in b_l} px_i, \ l = 1,2,3,4 \tag{2-63}$$

区域面积 s 为式（2-64）所示：

$$s(b_l) = W × L \tag{2-64}$$

式中，W、L 分别表示盒的宽和长。区域内高放大收益像素占比 P 如式（2-65）所示：

$$P(b_l) = \frac{pn_1}{pn_2} \tag{2-65}$$

式中，pn_1 表示 b_l 区域内，具有放大收益的像素点（即像素值大于 0.1 的像素点）的总数，pn_2 表示 b_l 区域内像素点总数。即每一个预测包围盒，b_l 存在特征向量 $(x,y,\text{sum px},W,L,P)$，$x$、$y$ 分别表示 b_l 的中心点横纵坐标。

我们利用人工标定的训练样本，训练了一个 Logistic 分类器[83]，对各个预测包围盒的框选效果进行评价。然后将评价结果分为两类，即能够满足放大要求的预测包围盒和不能满足放大要求的预测包围盒。

对于输入的预测包围盒，$b_l(x,y,\text{sum px},W,L,P)$，Logistic 分类器，引入权值参数 $\boldsymbol{\theta} =$

$(\boldsymbol{\theta}_1, \boldsymbol{\theta}_2, \cdots, \boldsymbol{\theta}_6)$，对 b_l 中的属性进行加权，得到 $\boldsymbol{\theta}^{\mathrm{T}} b_l$，引入 Logistic 函数（Sigmoid 函数）得到函数 $h_{\boldsymbol{\theta}}(b_l)$，如式（2-66）所示：

$$h_{\boldsymbol{\theta}}(b_l) = \frac{1}{1 + \mathrm{e}^{-\boldsymbol{\theta}^{\mathrm{T}} b_l}} \tag{2-66}$$

即可得到概率估计函数 $P(y \mid b_l; \boldsymbol{\theta})$，如式（2-67）所示：

$$P(y \mid b_l; \boldsymbol{\theta}) = \begin{cases} h_{\boldsymbol{\theta}}(b_l), & y = 1 \\ 1 - h_{\boldsymbol{\theta}}(b_l), & y = 0 \end{cases} \tag{2-67}$$

它的含义就是在给定测试样本 b_l 与参数 $\boldsymbol{\theta}$ 时，标签为 y 的概率。

由测试样本集合与训练样本集合，我们可以得到它们的联合概率密度即似然函数，如式（2-68）所示：

$$\prod_{i=1}^{n} P(y^{(i)} \mid b_l^{(i)}; \boldsymbol{\theta}) = \prod_{i=1}^{n} (h_{\boldsymbol{\theta}}(b_l))^{y^{(i)}} (1 - h_{\boldsymbol{\theta}}(b_l))^{1 - y^{(i)}} \tag{2-68}$$

最大化似然函数，求出合适的参数 $\boldsymbol{\theta}$。将式（2-68）变形为式（2-69）所示：

$$\ell(\boldsymbol{\theta}) = \sum_{i=1}^{m} y^{(i)} \lg h_{\boldsymbol{\theta}}(b_l) + (1 - y^{(i)}) \lg(1 - h_{\boldsymbol{\theta}}(b_l)) \tag{2-69}$$

依据上式，由梯度下降法求取参数 $\boldsymbol{\theta}$。先对参数 $\boldsymbol{\theta}$ 求导，如式（2-70）所示：

$$\frac{\partial}{\partial \boldsymbol{\theta}_j} \ell(\boldsymbol{\theta}) = \left[(y - h_{\boldsymbol{\theta}}(b_l)) \right] b_{lj} \tag{2-70}$$

更新法则如式（2-71）所示：

$$\boldsymbol{\theta}_j := \boldsymbol{\theta}_j + \alpha ((y^{(i)} - h_{\boldsymbol{\theta}}(b_l^{(i)})) b_{lj}^{(i)}) \tag{2-71}$$

通过 Logistic 分类器对各个预测包围盒的框选效果进行评价后，对于每一个预测包围盒我们都能够获得一个对应的框选评价分数，之后，进行一个非极大值抑制得到最终的预测作为最终的放大包围盒。

在完成放大包围盒的选取后我们将放大筛选区域内的像素值全部设为 0，避免重复选取造成的效率低下，同时对 AG Map 进行对应区域的更新，并检测 AG Map 上是否已经对所有高放大收益区域进行检测（AG Map 像素总值是否为 0），如果是则完成检测，如果不是则继续迭代进行检测过程。

把所得放大精检测候选区域的原图部分先进行双线性插值放大，放大到精细检测器检测候选区域的最小尺寸（本书设置的候选区域最小为 10×10），然后再送到精细检测器进行精细检测。

2.3.3　置信度自适应阈值判定

在进行分类的最后阶段会得到候选区域属于各个类别的置信度，即候选区域属于各个类别的概率。分析图 2-46 所示框中目标识别置信度的变换，可以发现当待检测目标被遮挡或者尺度较小时置信度相对较低。若阈值设置过低，会混入许多假目标，设置过高又会排除许多真目标。

图 2-46　尺度和遮挡对置信度的影响

虽然假目标与真目标的置信度之间存在较大差距，但假目标也会因为某些特征与真目标类似，从而会取得 0.7 以上的错误高置信度。如图 2-47 所示，第一张图像中，因为人与电动车的位置重合，第二张图像中，因为多人以及车辆的重叠都导致传统 SSD 给出了错误的高置信度检测结果。单纯采用固定阈值无法将目标与背景区分开。

图 2-47　高置信度误检目标

模糊率函数用来确定模糊程度，当模糊率取得最小值时，获得最佳的分割效果。其中模糊率与隶属函数之间有很深的关联，模糊数学的基本思想也可以表述为隶属度的思想[83]。一张待检测图像默认设置得到 N 个候选区域送入 SSD 进行检测，最后每个候选区域都可以得到用来表示属于 M 个类别的 M 个置信度，所以总共可以得到 N 个 $M \times 1$ 的数组。将每个数组中的最大值取出并按照由大到小的顺序进行排序，将其中小于 0.1 的值舍去（若全部小于 0.1，则判定为没有目标），可以得到 $N \times 1$ 维的数组 C。$\mu(x)$ 是隶属度函数，$\mu(C_k)$ 为数

组 C 中置信度取 C_k 的区域的隶属度。数组 C 的模糊率 $\gamma(C)$ 是对数组 C 的模糊性度量，令 $h(C_k)$ 为数组 C 中置信度取 C_k 的元素个数，则数组 C 的模糊率 $\gamma(C)$ 定义如式（2-72）所示：

$$\gamma(C) = \frac{2}{n} \sum_{k=0}^{n-1} T(C_k) h(C_k) \tag{2-72}$$

式中，$T(C_k) = \min\{\mu(C_k),\ 1 - \mu(C_k)\}$。数组 C 的模糊率 $\gamma(C)$ 取决于隶属度函数 $\mu(x)$，若取隶属度函数为 S 函数，即式（2-73）：

$$\mu(x) = \begin{cases} 0, & 0 \leqslant x \leqslant q - \Delta q \\ 2\left[\dfrac{(x - q + \Delta q)}{2\Delta q}\right]^2, & q - \Delta q \leqslant x \leqslant q \\ 1 - 2\left[\dfrac{(x - q + \Delta q)}{2\Delta q}\right]^2, & q < x \leqslant q + \Delta q \\ 1, & q + \Delta q < x \leqslant C_n \end{cases} \tag{2-73}$$

则此时 $\mu(x)$ 由窗宽 $c = 2\Delta q$ 及参数 q 来决定，当窗宽选定时，$\gamma(C)$ 就只与参数 q 有关。模糊阈值法的求解过程是：首先对窗宽进行预先设定，通常设定系数为 0.3，然后通过改变参数 q，使得隶属度函数 $\mu(x)$ 在置信度区间 $[C_0, C_{n-1}]$ 上进行滑动，通过计算模糊率 $\gamma_q(C)$ 获得模糊率曲线，该曲线的谷点，即使 $\gamma_q(C)$ 取得极小值的 q，也就是所求的自适应阈值。

2.3.4　基于递归神经网络的视频多目标检测技术

视频的时间连续性可以延伸到特征空间，并且从视频的相邻帧提取的过渡特征映射也具有高度相关性。本书在最终检测结果和特征空间中添加时间感知机制，通过递归网络体系结构将每个帧的特征映射调整到先前帧的相应特征映射上来利用特征级的连续性[84]。

本节研究了在保证运行速度和低运算资源消耗的前提下，通过增加时间感知来构建视频检测模型的策略。视频图像数据包含多种时间线索，与单个图像相比，它们可以被展开以获得更准确和稳定的目标检测。因此，可以使用来自较早帧的检测结果信息来细化当前帧处的预测结果。由于网络能够跨帧以不同状态检测目标，随着训练时间的推移，网络的预测结果也将变得有更高的置信度，从而有效减少单图像目标检测中存在的不稳定性问题。

为了实现在低功耗移动和嵌入式设备上实时进行视频对象检测，将单图像多目标检测框架与卷积长短期记忆[85]（Long Short Term Memory，LSTM）网络相结合，形成交织循环卷积结构，通过使用一个高效的 Bottleneck LSTM 层[86]提炼和传播帧间的特征映射实现了网络帧级信息的时序关联，同时极大降低了网络计算成本。利用 LSTM 的时序关联特性，结合动态卡尔曼滤波算法，实现了对视频中受光照变化、大面积遮挡等强干扰影响目标的追踪识别。

人类不会每秒钟都从头开始思考，人类的思想具有连贯性。但是传统的神经网络做不到这一点，这是一个主要的缺点。递归神经网络（Recurrent Neural Network，RNN）较好地解决了这个问题。它们是具有环路的网络，允许信息持续存在。RNN 优势之一在于它们能够将先前的信息关联到当前的任务中，比如用之前的视频帧可以辅助理解当前的视频帧。长短期记忆 LSTM 是一种特殊的 RNN，它被设计用来避免长期依赖的问题[87]。

提出了一种将卷积 LSTM 结合到单图像检测框架中的方法，作为跨时间传播帧级信息的手段。然而，LSTM 的简单集成会导致较大的运算量，妨碍网络实时运行。为了解决这个问题，引入了一个 Bottleneck LSTM，利用它具有深度可分离卷积和瓶颈（Bottleneck）设计原则的特性，降低计算成本。图 2-48 是 LSTM-SSD 的网络结构。网络中插入多个卷积 LSTM层。每个都以一定的比例传播和提炼特征映射。

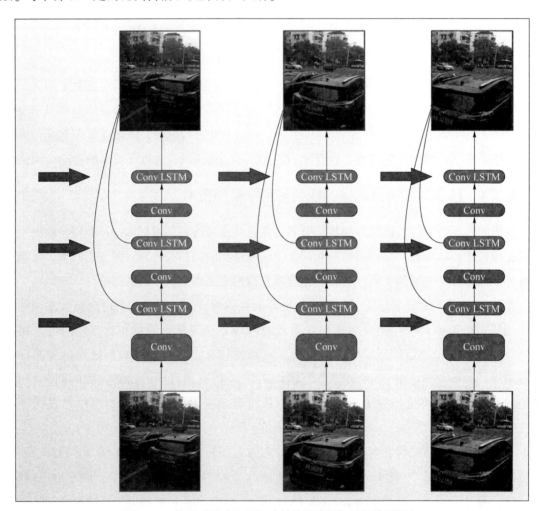

图 2-48　基于时间感知特征映射的移动视频目标检测框架

网络中的某层 Conv LSTM 接收了上一帧对应位置的 Conv LSTM 传递的特征映射和当前帧前一层卷积层传递的特征映射后对检测结果进行预测，并把特征映射继续传递给下一层卷积层和下一帧对应位置的 Conv LSTM，Conv LSTM 的输出将在以后的所有计算中替换之前的特征映射，继续执行检测任务。然而，LSTM 的简单集成会导致较大的运算量，妨碍网络实时运行。为了解决这个问题，我们引入了一个 Bottleneck LSTM，利用它具有深度可分离卷积和瓶颈（Bottleneck）设计原则的特性，以降低计算成本。

将视频数据视为多帧图像组成的序列，$V = \{I_0, I_1, \cdots, I_n\}$，目标是得到帧级的检测结果 $\{D_0, D_1, \cdots, D_n\}$，其中 D_k 表示对图像帧 I_k 的检测结果，包括一系列对各个目标检测的检测框的位置，以及对各个目标的识别置信度。我们考虑构造一种在线学习机构，使得检测结果 D_k 可以由图像帧 I_{k-1} 进行预测和修正。函数表达如式（2-74）所示：

$$F(I_t, s_{t-1}, AG_{t-1}) = (D_t, s_t, AG_t) \tag{2-74}$$

式中，$s_k = \{s_k^0, s_k^1, s_k^2, \cdots, s_k^{m-1}\}$，表示描述视频第 k 帧图像的特征映射向量，$AG_k = \{AG_k^0, AG_k^1, AG_k^2, \cdots, AG_k^{m-1}\}$，表示描述视频第 k 帧图像的 AG Map 能够构造一个具有 m 层 LSTM 卷积层的神经网络来近似地实现这个函数功能。这个神经网络把特征映射向量 s_{t-1} 中的每个特征映射和放大精度提升映射 AG_{t-1} 作为 LSTM 卷积层的输入，可以得到对应的特征映射向量 s_t 和放大精度提升映射 AG_t。要获得整个视频的检测结果，只需通过网络顺序运行每帧图像。

当应用于视频序列时，可以将 LSTM 状态理解为表示时序的特征。然后，LSTM 可以在每个时序步骤使用时序特征来细化其输入，同时还从输入提取附加的时间信息并更新其状态。这种精细化模式可以通过在任意中间特征映射上紧接着放置 LSTM 卷积层来应用。特征映射用作 LSTM 的输入，而 LSTM 的输出将在以后的所有计算中替换之前的特征映射。可以将单帧图像目标检测器定义为函数 $G(I_t) = D_t$，该函数将用于构造具有 m 个 LSTM 层的复合网络。可以将这些 LSTM 卷积层看作是将函数 G 的层划分为 $m + 1$ 个合适的子网络 $\{g_0, g_0, \cdots, g_m\}$，则如式（2-75）所示：

$$G(I_t) = (g_m \circ \cdots g_1 \circ g_0)(I_t) \tag{2-75}$$

式中，$\circ$ 表示哈达玛乘积（Hadamard Product）。我们同样将任意一层 LSTM 卷积层定义为函数，如式（2-76）所示：

$$L_k(M, s_{t-1}^k, AG_{t-1}) = (M_+, s_t^k, AG_t) \tag{2-76}$$

式中，M、M_+ 都是同维度的特征映射。则按照时序进行计算，其计算公式如式（2-77）所示：

$$
\begin{gathered}
(M_+^0, s_t^0, AG_t^0) = L_0(g_0(I_t), s_{t-1}^0, AG_{t-1}^0) \\
(M_+^1, s_t^1, AG_t^1) = L_1(g_1(M_+^0), s_{t-1}^1, AG_{t-1}^1) \\
\vdots \\
(M_+^{m-1}, s_t^{m-1}, AG_{t-1}^{m-1}) = L_{m-1}(g_{m-1}(M_+^{m-2}), s_{t-1}^{m-1}, AG_{t-1}^{m-1}) \\
D_t = g_m(M_+^{m-1}) \\
AG_t = g_m(AG_{t-1}^{m-1})
\end{gathered}
\tag{2-77}
$$

图 2-49 描述了整个模型在处理视频时的输入和输出。实际上，LSTM 层的输入和输出可以具有不同的维度，但是只要每个子网 F 的第一卷积层的输入维度相同，就可以执行相同的计算。

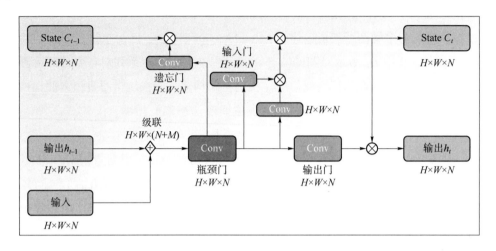

图 2-49 模型在处理视频时的输入和输出示意图

在我们的体系结构中，通过试验选择了门的分区。较早地放置 LSTM 会导致较大的数据输入量，并且计算成本爆炸增长导致运算效率低下。为了保证算法的运算效率，仅在具有最低空间维度的特征映射之后考虑 LSTM 放置。

由于需要在单个前向通道中计算多个门，所以 LSTM 对计算资源有着较高的要求，这极大地影响了网络的整体效率。为了解决这个问题，引入了一系列的更改，使 LSTM 能够与实时移动目标检测的目的兼容。

首先，考虑调整 LSTM 的维度。通过扩展在文献[86]中定义的通道宽度乘子 α_δ，可以获得对网络结构更好的控制。原始宽度倍增器是用于缩放每个层的通道尺寸的超参数，而不是将这个乘数统一应用于所有层。引入了三个新的参数 α_{base}、α_{ssd}、α_{lstm}，它们控制网络不同部分的信道尺寸。具有 N 个输出通道的基本移动网络中的任何给定层被修改为具有 $N_{\alpha_{base}}$ 个基本输出通道，而 α_{ssd} 应用于所有 SSD 特征映射，α_{lstm} 应用于 LSTM 层。设置 $\alpha_{base} = \alpha$，$\alpha_{ssd} = 0.5\alpha$，$\alpha_{lstm} = 0.25\alpha$。每个 LSTM 的输出是输入大小的四分之一，这大大减少了所需的计算。

同时通过采用一种新的 Bottleneck LSTM[88]，极大地提高了传统 LSTM 的运算效率，如式（2-78）所示：

$$b_t = \phi({}^{M+N}W_b^N \times [x_t, h_{t-1}]) \tag{2-78}$$

式中，x_t、h_{t-1} 为输入的特征映射，$\phi(x) = \mathrm{ReLU}(x)$，ReLU 表示 ReLU 激活。ReLU 表示修正线性单元（Rectified Linear Unit，ReLU）激活，虽然 ReLU 激活在 LSTM 中并不常用，但是不改变特征映射的边界很重要，因为 LSTM 散布在卷积层之间。${}^jW^k \times X$ 表示具有权重 W、

输入 X、j 输入通道和 k 输出通道的深度可分离卷积。这种修改的好处是双重的。使用瓶颈特征映射减少了门内的计算，在所有实际场景中均优于标准 LSTM。其次，Bottleneck LSTM 比标准的 LSTM 更深，而较深的模型优于较宽和较浅的模型。

复杂交通场景中的遮挡、光照、阴影等强干扰现象会造成目标外观信息损失，致使检测过程中容易出现目标遗漏。粒子滤波以及卡尔曼滤波通常在跟踪算法中得到应用。本书选择了卡尔曼滤波作为在前一帧和当前帧之间传递目标信息的工具，将卡尔曼滤波模型的设计与目标检测任务结合起来。

$D_k = \{X_k^0, X_k^1, \cdots, X_k^n\}$ 表示使用未加入滤波的检测器对图像帧 I_k 的检测结果，$X_k^t = [x_k^t, y_k^t, a_k^t, b_k^t, c_k^t, d_k^t]$，其中 x、y、a、b 分别作为某一目标 t 在第 k 帧视频图像中外接矩形框的左上角坐标和宽、高，c 为目标置信度，d 为目标所属类别。通过 LSTM 可以获得视频第 $k+1$ 帧的检测结果 D_{k+1} 的预测值 $\hat{D}_{k+1}'$。但是因为预测过程中存在噪声等因素干扰产生的误差，如果不对预测结果加以修正，那么在视频检测的过程中误差将因为迭代过程而被无限地放大，为了避免出现这种情况，将视频第 $k+1$ 帧的初检测结果 Z_{k+1} 作为测量值对 LSTM 的预测值 $\hat{D}_{k+1}'$ 进行修正，即采用"预测+测量反馈"的方式获得视频第 $k+1$ 帧的检测结果 D_{k+1} 的估计值 $\hat{D}_{k+1}$，则系统的估计值滤波方程为式（2-79）：

$$\hat{X}_{k+1}^t = A_k \hat{X}_k' + K_{k+1}(Z_{k+1}^t - H_{k+1} A_k \hat{X}_k')\tag{2-79}$$

系统的测量方程为式（2-80）：

$$Z_{k+1}^t = H X_{k+1}^t + V_{k+1}\tag{2-80}$$

卡尔曼增益方程为式（2-81）：

$$K_{k+1} = P_{k+1/k} H^T (H P_{k+1/k} H^T + V_{k+1})^{-1}\tag{2-81}$$

预测误差协方差矩阵方程为式（2-82）：

$$P_{k+1/k} = A P_k A^T + W_k\tag{2-82}$$

修正误差协方差矩阵方程为式（2-83）：

$$P_{k+1} = (I - K_{k+1} H) P_{k+1/k}\tag{2-83}$$

上式中，A 为状态转移矩阵，H_1 为观测矩阵，W_k 为状态噪声，V_k 为观测噪声，均为高斯白噪声。其中状态转移矩阵为式（2-84）：

$$A = \begin{bmatrix} L & 0 & 0 & 0 & 0 & 0 \\ 0 & L & 0 & 0 & 0 & 0 \\ 0 & 0 & L & 0 & 0 & 0 \\ 0 & 0 & 0 & L & 0 & 0 \\ 0 & 0 & 0 & 0 & L & 0 \\ 0 & 0 & 0 & 0 & 0 & L \end{bmatrix}, L = \begin{bmatrix} 1 & 1 \\ 0 & 1 \end{bmatrix}\tag{2-84}$$

观测矩阵为式（2-85）：

$$H_1 = \begin{bmatrix} 1 & 0 & 0 & 0 & 0 & 0 & 0 & 0 & 0 & 0 & 0 & 0 \\ 0 & 0 & 1 & 0 & 0 & 0 & 0 & 0 & 0 & 0 & 0 & 0 \\ 0 & 0 & 0 & 0 & 1 & 0 & 0 & 0 & 0 & 0 & 0 & 0 \\ 0 & 0 & 0 & 0 & 0 & 0 & 1 & 0 & 0 & 0 & 0 & 0 \\ 0 & 0 & 0 & 0 & 0 & 0 & 0 & 0 & 0 & 1 & 0 & 0 \\ 0 & 0 & 0 & 0 & 0 & 0 & 0 & 0 & 0 & 0 & 0 & 1 \end{bmatrix} \tag{2-85}$$

状态噪声 W_k 和观测噪声 V_k 均为高斯白噪声，二者的协方差矩阵分别为式（2-86）和式（2-87）：

$$W_1 = \begin{bmatrix} E & 0 & 0 & 0 & 0 & 0 \\ 0 & E & 0 & 0 & 0 & 0 \\ 0 & 0 & E & 0 & 0 & 0 \\ 0 & 0 & 0 & E & 0 & 0 \\ 0 & 0 & 0 & 0 & \lambda E & 0 \\ 0 & 0 & 0 & 0 & 0 & E \end{bmatrix}, E = \begin{bmatrix} 1 & 0 \\ 0 & 1 \end{bmatrix}, \lambda = 0.2 \tag{2-86}$$

$$V = \begin{bmatrix} 2 & 0 & 0 & 0 & 0 & 0 \\ 0 & 2 & 0 & 0 & 0 & 0 \\ 0 & 0 & 2 & 0 & 0 & 0 \\ 0 & 0 & 0 & 2 & 0 & 0 \\ 0 & 0 & 0 & 0 & 0.1 & 0 \\ 0 & 0 & 0 & 0 & 0 & 2 \end{bmatrix} \tag{2-87}$$

$P_{k+1/k}$ 和 X_k 的初始值分别为 $P_{k=1} = W$ 和 $X_1^t = \hat{X}_1^t$，$\hat{X}_1^t$ 为目标 t 开始出现的第一帧检测结果的状态向量，将其作为第一帧的估计值传递给第二帧进行滤波，其中 5 个变化值初始化为 0。从目标 t 出现的第二帧开始，取当前帧的预测值 $\hat{X}_1^t{}'$ 和估计值 $\hat{X}_k^t$ 作为该帧图像的两个候选区域，连同 SSD 所提取的候选区域一起提取池化特征。当前帧检测结束以后，将检测结果作为该帧的滤波值送入下一帧进行滤波。当有多个目标出现时分别对其进行滤波，滤波器的个数随着目标的增加而增加。为了减少运算量，当连续十帧目标的滤波值对应的候选区域没有被作为检测结果时，取消该滤波器[75]。

2.3.5 算法验证试验与多目标检测应用效果分析

1. 试验基础条件与数据集

本书试验使用 DELL Precision R7910（AWR7910）图形工作站，处理器为 Intel Xeon E5-2603 v2（1.8 GHz/10 M），采用 NVIDIA Quadro K620 GPU 加速运算。SSD 是在深度学习框架 Caffe 平台上运行的。Caffe 通过采用 GPU 和 CPU 的并行运算，使得在较短时间内就能完

成计算量庞大的深度学习任务。

　　本书利用 YFCC100M[89] 收集的交通场景数据集（Web Dataset，WD）和 KITTI 数据集作为试验数据集试验。KITTI 数据集是目前国际上最大的自动驾驶场景下的计算机视觉算法评测数据集。我们选用数据集中第 1 个图片集和标注文件，其中 7 481 张训练图片有标注信息，而测试图片没有。SSD 中训练脚本是基于 VOC 数据集格式的，我们需要把 KITTI 数据集做成 PASCAL VOC 的格式。PASCAL VOC 数据集总共有 20 个类别，本书为数据集设置 3 个类别——Car、Cyclist、Pedestrian，因为标注信息中还有其他类型的车和人，本书将 Van、Truck、Tram 合并到 Car 类别中去，将 Person_sitting 合并到 Pedestrian 类别中去，Misc 和 Dontcare 这两类直接忽略。

　　YFCC100M 数据集包含将近 1 亿张图片以及摘要、标题和标签。为了更好地展示我们的方法，我们从 YFCC100M 数据集收集了 1 000 幅分辨率较高的测试图像。通过搜索关键词"行人""道路"和"车辆"来收集图像。对于该数据集，我们使用至少 16 像素宽度和小于 50 %遮挡对所有目标进行注释。图像在较长的一侧被重新缩放到 2 000 像素，以适合我们的 GPU 内存。本书从图像中每类选出半数的图像作为测试集，将剩余的半数图像作为训练验证集。另外，本书的低分辨率小目标测试集通过分别在 KITTI 数据集和 WD 数据集的测试集中挑选出 100 张含低分辨率小目标（本书设定小目标尺寸小于 10×10 像素）的图像进行构造。试验中我们将所有的图像尺寸归一化为 320×320 像素。

2. 试验的参数设置

　　本书选择 SSD 系列中的 SSD512[90] 进行改进，从 SSD512 提供的大、中、小三种规模的深度卷积神经网络模型中，选取中等规模的 VGG_CNN_M_1024 模型作为基础模型。

　　卷积神经网络超参数的选取对其检测率有极大的影响，当面对网络模型复杂并且数据量巨大的情况时，依靠在全部数据集上经验测试，然后再依据识别结果进行最佳超参数的选取来调整参数的方式，从而耗费大量的时间和计算资源。所以为了实现自适应池化纠正误差项的最佳值的快速选取，优化传统调参过程，本书制作了小样本数据集（200 张图像）进行参数调整，有效提高了参数调整选值过程的效率，具体流程小样本参数调整的流程框图如图 2-50 所示。

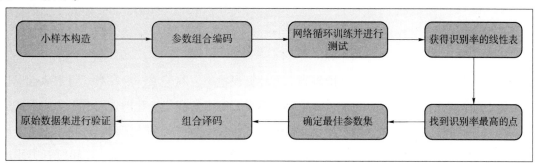

图 2-50　小样本调参流程图

在小样本的抽取上要同时考虑总体的类别数量以及每种类别在总体所占的比例，按照概率抽样方法中的分层抽样规则，通过小样本数据集训练所得的最优超参数在一定的程度上能够适应原始数据集。通过小样本调参，我们选取了几个参数的最优值，在不使用自适应阈值的情况时，阈值设置为 0.1；将所有试验中经过非极大值抑制留下的候选区域数量设置为 100。其他设置保持默认不变，后续所有试验都在以上设置基础上进行。对于 LSTM，我们将 LSTM 展开到 10 个步骤，并按照 10 帧序列进行训练，通道宽度乘子 $\alpha_\delta = 1$，模型学习率为 0.003。

3. 评价指标

假设图像中有目标 $Z\{z_1, z_2, \cdots, z_n\}$，其中目标 $z_i = [x_z^i, y_z^i, a_z^i, b_z^i, c_z^i, d_z^i]$，算法对该图像输出的假设为 $W\{w_1, w_2, \cdots, w_m\}$，目标 $w_j = [x_w^j, y_w^j, a_w^j, b_w^j, c_w^j, d_w^j]$，$x$、$y$、$a$、$b$ 分别为目标外接矩形框的中心点坐标和宽、高，c 为目标置信度，d 为目标所属类别。其评价过程包含以下步骤：

（1）建立目标和假设结果间的最优一一对应关系。采用欧式距离来计算真实目标和假设目标的空间位置对应关系。欧式距离的阈值 T 设置为假设和目标最少重叠时两者中心的距离。完成对应关系的目标数目为 NT，漏检目标个数 $LP = n - NT$。

（2）完成目标间的相互对应后，依据真实目标和假设目标对应的目标所属类别 d，我们将检测结果分为以下两种情况：准确检测，即所属类别相同；误检，即所属类别不同。统计准确检测到的目标数目为 TR，统计误检的目标数目为 TW。比较真实目标个数 n 和检测的目标个数 m，如果 $n < m$，则存在虚警的情况，虚假目标个数 $FP = m - NT$。

（3）由步骤（2）的统计结果，我们可以通过计算算法的虚警率、漏警率、检测率、误检率来衡量算法的检测效果，分别如式（2-88）~式（2-91）所示：

$$\text{虚警率：} \quad P_f = \frac{FP}{n} \tag{2-88}$$

$$\text{漏警率：} \quad P_m = \frac{LP}{n} \tag{2-89}$$

$$\text{检测率：} \quad P_d = \frac{TR}{n} \tag{2-90}$$

$$\text{误检率：} \quad P_e = \frac{TW}{n} \tag{2-91}$$

在实际进行试验时，首先计算检测率，再计算误检率、漏警率、虚警率。对于多目标识别中的虚警率应该计算一定时间段内积累的虚警率。对于数据集，我们采用求平均的方式来计算整体的虚警率、漏警率、检测率、误检率。

通过计算深度学习模型在测试集上的平均准确率 AP（Average Precision）和所有类别的平均准确率均值 mAP（mean AP）来评价模型的好坏。AP 从准确率和召回率这两个角度衡量检测算法的准确性，是评价深度检测模型准确性最直观的标准，一般用来对单个类别的检测效果进行检测。mAP 是各个类别 AP 的平均值，mAP 越高表示模型在全部类别中检测的综合性能越高[89-93]。

4. 试验设计

首先将各个改进策略与 SSD512 单独进行结合，并且进行相应的对比试验，来验证各个改进策略的有效性。最后将 SSD512 与所有改进策略结合起来，再对最终版改进算法进行整体性能测评。

用训练集训练原始 SSD512，将此模型记为 M0。在 M0 基础上加入新的特征提取网络 Gabor VGG Net 改进策略，得到模型 M1。在 M0 模型基础上加入自适应阈值策略，得到网络模型 M2。在 M0 基础上加入动态局部区域放大策略，生成模型 M3。在 M0 基础上加入基于时间感知特征映射的移动视频目标检测改进策略，得到模型 M4。最后将所有的改进策略与 M0 结合在一起，得到模型 M5。使用两个不同的数据库测试集对 M0、M1、M2、M4、M5 的检测性能分别进行测试和对比。另外，为了检验低分辨率小目标的检测效果，我们采用之前构造好的小目标测试集分别对 M0 和 M3 进行测试以及对比。

另外，本书选取了 Faster R-CNN、SSD 系列和 YOLO 系列检测框架作为深度学习对比算法，与 M5 对比 Web Dataset 和 KITTI 数据集上的检测效果。Faster R-CNN、SSD 系列和 YOLO 系列检测框架使用作者发布的官方代码中的默认参数设置，与 M5 在相同训练集中进行训练。利用 Web Dataset 和 KITTI 数据集中的普通测试集进行测试。

5. 算法关键参数讨论

在试验中用 SSD512 模型结合 KITTI 数据集中的部分车辆目标数据集训练并测试了几种不同卷积核个数变化对目标识别率的影响，如表 2-15 所示。

表 2-15　卷积核个数变化对目标识别率的影响

卷积核个数	（训练）AP/%	（测试）AP/%
64→128→256→512→512	95.308	87.982
32→64→128→128→256	96.161	89.281
64→128→256→265→384	91.891	86.689
128→256→384→384→384	97.236	92.529

为了保证尽可能高的检测精度，我们选取卷积层深度依次为 128→256→384→384→384。第一层 Gabor 中二维 Gabor 卷积核数量为 110，彩色 Gabor 卷积核数量为 18。

如表 2-16 所示，本书采用 KITTI 数据集当中的车辆目标数据集训练并测试了卷积核尺寸变化组合对识别率的影响。

表 2-16　卷积核尺寸变化对识别率的影响

卷积核尺寸	（训练）AP/%	（测试）AP/%
1×1	92.208	83.382
3×3	95.261	86.581
5×5	93.391	84.289
3×3 & 5×5 & 1×1	97.136	91.129

在我们的 LSTM-SSD 体系结构中，卷积层使用具有 384 通道的单个 LSTM。通过对 Bottleneck LSTM 和 Feature Map 层应用附加卷积来获得最终边界框。我们将所有四个 LSTM 门计算合并为单个卷积，因此 LSTM 计算 1 536 个通道的门仅输出 384 个通道。为了解决过拟合问题，我们采用分两阶段的方法对网络进行训练。首先，我们在没有 LSTM 的情况下微调 SSD 网络。然后，保持基本网络中的权重，直到 Conv13 层（包括 Conv13 层），并在剩余的训练中插入 LSTM 层。

在网络模型中的不同层之后放置单个 LSTM 层（$\alpha = 1$），表 2-17 证实了将 LSTM 放置在特征映射之后可获得识别性能的提高，其中放在 Conv13 层后提高效果最为明显，从而验证了我们关于在特征空间中添加时间感知对提高检测识别精度的有效性。

表 2-17　LSTM 插入位置对识别率的影响

放置后	数据集	AP/%			mAP/%
		Person	Car	Cyclist	
baseline	KITTI	73.36	71.53	65.32	70.07
Conv3	KITTI	66.72	61.32	59.03	62.36
Conv13	KITTI	76.28	75.12	67.49	72.96
Feature Map1	KITTI	74.21	72.08	68.62	71.64
Feature Map2	KITTI	72.08	72.24	66.35	70.22
Feature Map3	KITTI	72.16	71.02	67.13	70.10
Feature Map4	KITTI	75.25	70.43	67.41	71.03
Outputs	KITTI	74.86	72.19	66.92	71.32

6. 各改进策略有效性验证

试验结果见表 2-18，对比了模型 M0、M1、M2、M4、M5 在 KITTI 和 WD 数据集上普通测试集的检测效果。

表 2-18　各模型识别和检测效果比较

模型	数据集	AP/%			mAP/%	P_f/%	P_m/%	P_d/%	P_e/%
		Person	Car	Cyclist					
M0	KITTI	73.36	71.53	65.32	70.07	20.21	19.34	41.32	19.13
	WD	71.59	69.63	62.75	67.99	19.25	21.38	38.83	20.54
M1	KITTI	87.53	82.16	78.28	82.66	16.48	17.91	57.38	8.23
	WD	85.64	80.59	74.34	80.19	18.95	19.28	51.42	10.35
M2	KITTI	77.18	72.35	68.69	72.74	12.31	13.29	57.84	16.56
	WD	73.52	70.45	64.83	69.61	15.17	14.49	52.45	17.89
M4	KITTI	88.42	81.73	74.38	81.51	9.53	11.69	64.25	14.53
	WD	74.92	72.34	65.63	70.96	16.24	15.19	51.16	17.41
M5	KITTI	92.42	92.23	90.85	91.83	5.19	7.13	81.47	6.21
	WD	88.46	87.38	83.24	86.36	8.26	11.27	71.05	9.42

对比表 2-18 中 M0 和 M5 的检测结果，在 KITTI 数据集中，各类目标检测的 AP 提高了 19%~25%，mAP 提高了 21.76%，虚警率降低了 15.02%，检测率提高了 40.15%，漏警率降低了 12.21%，误检率降低了 12.92%；在 WD 数据集中，各类目标检测的 AP 提高了 21%~23%，mAP 提高了 18.37%，虚警率降低了 10.99%，检测率提高了 32.22%，漏警率降低了 10.21%，误检率降低了 11.12%。各项指标提升明显，表明了本书策略总体对于弥补 SSD512 缺陷的有效性。

对比表 2-18 中 M0 和 M1 的检测结果，在 KITTI 数据集中，各类目标检测的 AP 提高了 11%~14%，mAP 提高了 12.59%，虚警率降低了 3.73%，检测率提高了 16.06%，漏警率降低了 1.43%，误检率降低了 10.9%；在 WD 数据集中，各类目标检测的 AP 提高了 10%~13%，mAP 提高了 12.2%，虚警率降低了 0.3%，检测率提高了 12.59%，漏警率降低了 2.1%，误检率降低了 10.19%。M1 模型是在 M0 基础上加入新的特征提取网络 Gabor VGG Net 策略训练得到的，通过在两个数据库上的测试结果与 M0 对比我们可以发现，M1

相较于 M0，对目标的识别准确性得到了较大提高，多目标检测的误检率降低明显，表明新的特征提取网络 Gabor VGG Net 相较于原来的特征提取网络，经过训练后提取的目标特征更加具有区分度。

对比表 2-18 中 M0 和 M2 的检测结果，在 KITTI 数据集中，各类目标检测的 AP 提高了 1%~4%，mAP 提高了 2.67%，虚警率降低了 7.90%，检测率提高了 16.52%，漏警率降低了 6.05%，误检率降低了 2.57%；在 WD 数据集中，各类目标检测的 AP 提高了 1%~3%，mAP 提高了 1.62%，虚警率降低了 4.08%，检测率提高了 13.62%，漏警率降低了 6.89%，误检率降低了 2.65%。M2 模型是在 M0 基础上加入自适应阈值策略训练得到的，通过在两个数据库上的测试结果与 M0 对比我们可以发现，M2 相较于 M0，对多目标的检测率得到了较大提高，多目标检测的虚警率和漏警率降低明显，验证了自适应阈值改进策略能够有效降低 SSD512 对多目标检测的漏警率和虚警率。

对比表 2-18 中 M0 和 M4 的检测结果，在 KITTI 数据集中，各类目标检测的 AP 提高了 9%~15%，mAP 提高了 11.44%，虚警率降低了 10.68%，检测率提高了 22.93%，漏警率降低了 7.65%，误检率降低了 4.6%；在 WD 数据集中，各类目标检测的 AP 提高了 1%~3%，mAP 提高了 2.97%，虚警率降低了 3.01%，检测率提高了 12.33%，漏警率降低了 6.19%，误检率降低了 3.13%。M4 模型是在 M0 基础上加入基于时间感知特征映射的移动视频目标检测改进策略训练得到的，通过在两个数据库上的测试结果与 M0 对比我们可以发现，M4 相较于 M0，多目标的检测率得到了较大提高，多目标检测的虚警率和漏警率降低明显，对各目标的识别精度和平均识别精度同样获得了较大的提高。而且，由于 WD 数据集是由独立静态图像组成的数据集，时空上下文改进策略的优化效果不如在视频数据集 KITTI 上的明显。表明基于时间感知特征映射的移动视频目标检测改进策略能够有效降低 SSD512 对视频中多目标检测的漏警率和虚警率，较大地提高了目标识别精度。

为了进一步验证 M4 模型已经学习到视频的时间连续性，对于遮挡等干扰具有较强的鲁棒性，我们在 KITTI 视频数据集中单帧图像上创建人工遮挡来进行测试。对于图像中每个目标的真实检测框，我们按照目标遮挡率 $P_z \in (0,1]$，来设计人工遮挡。对于尺寸为 $H \times W$ 的目标真实检测框，在检测框内随机选择一块尺寸为 $P_z \cdot H \times P_z \cdot W$ 的区域，将该区域内的所有像素值都取为 0，这样就构成了人工遮挡。将 KITTI 视频数据集中普通测试集每隔 50 帧随机挑选目标构造人工遮挡，构造抗遮挡鲁棒性测试集，M0、M4 在这个测试集上进行测试，我们取目标遮挡率分别为 $P_z = 0.25$、$P_z = 0.5$、$P_z = 0.75$、$P_z = 0.1$，测试结果如表 2-19 所示。

表 2-19　M4 抗遮挡干扰效果验证

模型	评估指标	$P_z = 0.25$	$P_z = 0.5$	$P_z = 0.75$	$P_z = 0.1$
M0	mAP/%	53.36	41.24	22.15	12.89
	P_d/%	33.58	21.56	12.33	4.25
M4	mAP/%	74.28	66.82	59.79	51.58
	P_d/%	60.35	55.62	51.16	42.39

由表 2-19 对比 M0、M4 在不同目标遮挡率下的 mAP、检测率 P_d，可以发现我们的方法在这种遮挡噪声数据上优于单帧 SSD 方法，表明我们的网络已经学习到视频的时间连续性，并且使用时间线索来实现对遮挡噪声的鲁棒性。

表 2-20 对比了模型 M0、M3 在 KITTI 和 WD 数据集上低分辨率小目标测试集的检测效果。

表 2-20　低分辨率小目标检测效果验证

模型	数据集	AP/%			mAP/%	P_f/%	P_m/%	P_d/%	P_e/%
		Person	Car	Cyclist					
M0	KITTI	13.63	19.38	9.73	14.25	33.12	29.43	10.14	27.31
	WD	8.59	16.33	8.53	11.15	34.15	30.48	6.45	28.92
M3	KITTI	77.45	80.19	58.68	72.11	10.82	10.17	60.48	18.53
	WD	65.62	70.49	52.37	62.83	11.91	14.85	52.03	21.21

对比表 2-20 中 M0 和 M3 的检测结果，在 KITTI 数据集中，各类目标检测的 AP 提高了 49%~64%，mAP 提高了 57.86%，虚警率降低了 22.3%，检测率提高了 50.34%，漏警率降低了 19.26%，误检率降低了 8.78%；在 WD 数据集中，各类目标检测的 AP 提高了 44%~57%，mAP 提高了 51.68%，虚警率降低了 22.24%，检测率提高了 45.58%，漏警率降低了 15.63%，误检率降低了 6.71%。M3 模型是在 M0 基础上加入动态局部区域放大策略训练得到的，通过在两个数据库上低分辨率小目标测试集的测试结果对比我们可以发现，M3 相较于 M0，对多目标低分辨率小目标的识别精度和检测率得到了较大提高，检测的误检率、虚警率、漏警率降低明显，验证了动态局部区域放大改进策略对低分辨率小目标检测和识别效果优化的有效性。由于对低分辨率弱小目标类别进行判定比较困难，所以 M3 模型的误检率较高，而 M0 多目标检测率极低，表明了 SSD512 深度卷积网络逐层抽取特征的同时导致低分辨率弱小目标信息丢失严重。

图 2-51 验证了 M3 模型中 R-Net 增益效果评估的有效性。第一行蓝色字体数字指示红色框是目标的置信度。C 表示粗检测器检测结果，F 表示精检测器检测结果。红色字体表示 R-Net 的精度增益。正值和负值标准化为[0,1]和[-1,0]。通过对比我们可以发现，对于粗略检测足够好或者优于精细检测的区域，R-Net 给出较低的精度增益分数（第1列和第2列），并且对于精细检测比粗略检测好得多的区域（第3列），R-Net 给出较高的精度增益分数。

图 2-51 R-Net 放大精度增益效果 (附彩插)

7. 与其他检测算法对比试验

本书选取了 Faster R-CNN、SSD 系列的改进 DSSD513[94] 检测框架和 YOLO 系列 YOLOv2 544[93] 检测框架以及 DSOD300[92] 检测框架作为深度学习对比算法，与 M5 对比 Web Dataset 和 KITTI 数据集上的检测效果。以上对比算法使用作者发布的官方代码中的默认参数设置，与 M5 在相同训练集中进行训练。

Faster R-CNN 是基于深度学习的 R-CNN 系列目标检测的最佳方法。培训分为以下 4 步进行：

（1）使用 ImageNet 上的预培训模型初始化区域（Region Proposal Network，RPN）选取网络参数，以微调 RPN 网络。

（2）使用（1）中的 RPN 网络提取区域建议来训练快速 R-CNN 网络，并使用 ImageNet 上的预训练模型初始化网络参数。

（3）使用（2）的 Faster R-CNN 网络重新初始化 RPN，微调固定卷积层，微调 RPN 网络。

（4）固定（2）中快速 Faster R-CNN 的卷积层，并使用（3）中 RPN 提取的区域建议微调 Faster R-CNN 网络。

DSOD 网络结构可分为两部分：用于特征提取的主干子网和用于多尺度响应图预测的前端子网。DSOD 模型不仅参数更少，性能更好，而且不需要在大型数据集（如 ImageNet）上进行预训练，这使得 DSOD 网络结构的设计非常灵活，可以根据自己的应用场景设计自己的网络结构。

YOLOv2 将物体检测任务视为回归问题，并使用神经网络直接预测边界框的坐标、框中包含的物体的置信度以及整个图像中物体的概率。因为 YOLO 的目标检测过程是在神经网络中完成的，所以可以端到端地优化目标检测性能。

DSSD 对小目标鲁棒性差，将 SSD 的参考网络从 VGG 改为 ResNet-101，从而增强了特征提取能力。去卷积层的使用增加了大量的上下文信息，大多数训练方法与原始 SSD 相似。首先，SSD 的默认框仍在使用，重叠率高于 0.5 的框被视为正样本。设置更多的负样本，使正样本与负样本的比例为 3：1。训练期间，损失函数最小化。训练前仍然需要进行数据集扩展。此外，原始 SSD 的默认框尺寸是人为指定的，可能不够有效。因此，通过 K-means 聚类方法再次获得了 7 个默认框维数，并且获得的默认框维数更具代表性。

利用 Web Dataset 和 KITTI 数据集中的普通测试集进行测试。检测识别效果如表 2-21 所示，其中 FPS 代表算法运行的速度——帧率。

表 2-21　其他算法检测和识别效果比较

| 模型 | 数据库 | AP/% | | | mAP/% | P_d/% | FPS/（帧·s^{-1}） |
		Person	Car	Cyclist			
Faster R-CNN	KITTI	83.26	74.13	75.42	77.61	45.22	13.15
	WD	81.49	71.33	68.65	73.82	36.63	11.64
DSOD300	KITTI	77.43	72.26	68.38	72.69	58.68	58.23
	WD	70.73	69.39	67.04	69.05	52.32	50.35

续表

模型	数据库	AP/%			mAP/%	P_d/%	FPS/(帧·s^{-1})
		Person	Car	Cyclist			
DSSD513	KITTI	75.46	69.53	68.34	71.11	59.42	46.34
	WD	72.19	68.83	66.45	69.16	49.79	39.38
YOLOv2 544	KITTI	79.43	71.25	67.32	72.66	60.82	56.74
	WD	73.29	69.63	68.85	70.59	54.86	49.28
M5	KITTI	92.42	92.23	90.85	91.83	81.47	31.86
	WD	88.46	87.38	83.24	86.36	71.05	19.83

对比表2-21中M5和其他深度学习对比算法检测结果，在KITTI数据集中，各类目标识别的AP提高了9%~16%，mAP提高了14%~21%，检测率提高了21%~36%；在WD数据集中，各类目标识别的AP提高了7%~11%，mAP提高了13%~16%，检测率提高了11%~35%。虽然检测识别率比不上DSOD300、DSSD513、YOLOv2 544等检测算法，但是FPS也能达到32帧/s，基本能够满足实时性的要求。M5模型检测效果如图2-52所示：

图2-52　M5模型检测结果示例

综上，本书M5模型不仅在检测精度和识别精度上高于其他算法，在检测速率上达到了32帧/s，验证了本书算法能够实现精度和实时性平衡，做到了既快又好，综合性能明显优于其他深度学习对比算法，具有较强的应用前景。

2.3.6　小　结

整体的检测算法框架流程如图 2-53 所示，由三大网络结构组成：动态区域放大网络（黄色边界标出）、LSTM 与动态卡尔曼滤波（绿色边界标出）、自适应 Gabor SSD 探测器（红色边界标出）。

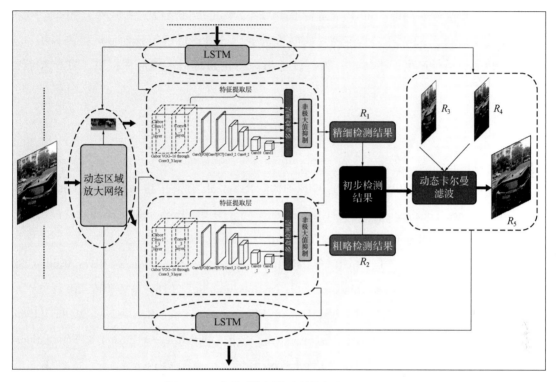

图 2-53　改进后检测算法整体框架（附彩插）

（1）输入待检测视频单帧图像，将图像进行下采样获得低分辨率版本，降低运算量。

（2）通过 DRZN 结合 LSTM 网络传递的预测 AG Map 对需要在高分辨率下检测识别的目标区域进行顺序选择放大，输入自适应 Gabor SSD 探测器结合 LSTM 网络传递的预测各层的 Feature Map 进行目标检测识别，获得结果 R_1，已经检测过的区域在原低分辨率图像中像素值全取为 0。

（3）将剩余低分辨率图像输入自适应 Gabor SSD 探测器结合 LSTM 网络传递的预测各层的 Feature Map 进行目标检测识别，获得结果 R_2。

（4）将 R_1 和 R_2 检测结果进行融合，得到初检测结果 R_3。

（5）通过 LSTM 网络传递获得当前帧的预测检测结果 R_4，通过动态区域放大网络，将初检测结果 R_3 和预测检测结果 R_4 结合起来，获得最终的检测识别结果 R_5。

（6）将当前帧检测过程中产生的 AG Map、各层 Feature Map 以及检测结果 R_5 输入

LSTM 网络，对下一帧的检测结果进行指导。

本书针对现有基于大数据和深度学习的目标检测算法在复杂大场景下多目标检测的精度和实时性难以平衡的问题，改进了基于深度学习的目标检测框架 SSD，提出一种新的多目标检测框架 AP-SSD，将其专用于复杂大交通场景多目标检测。通过在指定数据集上测试，相比于其他基于深度学习的目标检测框架，各类目标识别的平均准确率（AP）提高了9%~16%，平均准确率均值（mAP）提高了 14%~21%，多目标检测率提高了 21%~36%，检测识别速率达到了 32 帧/s，基本满足实时性的要求，鲁棒性远超其他目标检测算法，实现了算法精度与运行速率的平衡，并为深度学习在特定目标检测的应用提供了实例和新的思路。

参 考 文 献

［1］ HARIHARAN B, ARBELAEZ P, GIRSHICK R, et al. Object Instance Segmentation and Fine-Grained Localization Using Hypercolumns ［J］. IEEE Transactions on Pattern Analysis and Machine Intelligence, 2017, 39（4）：627-639.

［2］ LIMA M DD, COSTA N L, BARBOSA R. Improvements on Least Squares Twin Multi-Class Classification Support Vector Machine ［J］. Neurocomputing, 2018, 313：196-205.

［3］ NAIEMI F, GHODS V, KHALESI H. An Efficient Character Recognition Method Using Enhanced HOG for Spam Image Detection ［J］. Soft Computing—A Fusion of Foundations, Methodologies and Applications, 2019：1-16.

［4］ YU Q, ZHOU S, JIANG Y, et al. High-Performance Sar Image Matching Using Improved SIFT Framework Based on Rolling Guidance Filter and Roewa-Powered Feature ［J］. IEEE Journal of Selected Topics in Applied Earth Observations and Remote Sensing, 2019, 12：920-933.

［5］ BAI Y, ZHANG Y, DING M, et al. Finding Tiny Faces in the Wild with Generative Adversarial Network ［C］. 2018 IEEE/CVF Conference on Computer Vision and Pattern Recognition, IEEE, 2018：21-30.

［6］ REN S, HE K, GIRSHICK R, et al. Faster R-CNN：Towards Real-Time Object Detection with Region Proposal Networks ［J］. IEEE Transactions on Pattern Analysis and Machine Intelligence, 2016, 39（6）：1137-1149.

［7］ REDMON J, FARHADI A. YOLO9000：Better, Faster, Stronger ［C］. 2017 IEEE Conference on Computer Vision and Pattern Recognition（CVPR）, IEEE, 2017：6517-6525.

［8］ WANG Y, ZHOU W, ZHANG Q, et al. Weighted Multi-Region Convolutional Neural Network for Action Recognition with Low-Latency Online Prediction [C]. 2018 IEEE International Conference on Multimedia & Expo Workshops (ICMEW), IEEE, 2018: 1-6.

[9] CHENG B, WEI Y, SHI H, et al. Revisiting R-CNN: on Awakening the Classification Power of Faster R-CNN [C]. European Conference on Computer Vision (ECCV), Springer, 2018: 473-490.

[10] BRAUN M, RAO Q, WANG Y, et al. Pose R-CNN: Joint Object Detection and Pose Estimation Using 3D Object Proposals [C]. 2016 IEEE 19th International Conference on Intelligent Transportation Systems (ITSC), IEEE, 2016: 1546-1551.

[11] SUN X, WU P, HOI S C H. Face Detection Using Deep Learning: an Improved Faster R-CNN Approach [J]. Neurocomputing, 2018, 299: 42-50.

[12] LIU J, LI S. Capillarity-Driven Migration of Small Objects: a Critical Review [J]. European Physical Journal E, 2019, 42: 1.

[13] PARK J, KWON D, CHOI B W, et al. Small Object Segmentation with Fully Convolutional Network Based on Overlapping Domain Decomposition [J]. Machine Vision and Applications, 2019, 30: 707-713.

[14] ZHANG T, XU C, YANG M H. Learning Multi-Task Correlation Particle Filters for Visual Tracking [J]. IEEE Transactions on Pattern Analysis and Machine Intelligence, 2018, 41 (2): 365-378.

[15] YANG Y, NIE Z, HUANG S, et al. Multi-Level Features Convolutional Neural Network for Multi-Focus Image Fusion [J]. IEEE Transactions on Computational Imaging, 2019, 5 (2): 262-273.

[16] MENG F J, WANG X Q, SHAO F M, et al. Energy-Efficient Gabor Kernels in Neural Networks with Genetic Algorithm Training Method [J]. Electronics, 2019, 8 (1): 105.

[17] XU F, LI H, YAO H, et al. Detection Method of Tunnel Lining Voids Based on Guided Anchoring Mechanism [J]. Computers & Electrical Engineering, 2021, 95: 107462.

[18] DU L, HU H. Face Recognition Using Simultaneous Discriminative Feature and Adaptive Weight Learning Based on Group Sparse Representation [J]. IEEE Signal Processing Letters, 2019, 26 (3): 390-394.

[19] LIN T Y, DOLLÁR P, GIRSHICK R, et al. Feature Pyramid Networks for Object Detection [C]. 2017 IEEE Conference on Computer Vision and Pattern Recognition (CVPR), IEEE, 2017: 936-944.

[20] HE K, ZHANG X, REN S, et al. Deep Residual Learning for Image Recognition [C]. 2016 IEEE Conference on Computer Vision and Pattern Recognition (CVPR), IEEE, 2016:

770-778.

[21] ZHU Z, LIANG D, ZHANG S, et al. Traffic-Sign Detection and Classification in the Wild [C]. 2016 IEEE Conference on Computer Vision and Pattern Recognition (CVPR), IEEE, 2016: 2110-2118.

[22] LI B, WU W, WANG Q, et al. SiamRPN++: Evolution of Siamese Visual Tracking with Very Deep Networks [C]. 2019 IEEE/CVF Conference on Computer Vision and Pattern Recognition (CVPR), IEEE, 2019: 4277-4286.

[23] WANG Q, ZHANG L, BERTINETTO L, et al. Fast Online Object Tracking and Segmentation: a Unifying Approach [C]. 2019 IEEE/CVF Conference on Computer Vision and Pattern Recognition (CVPR), IEEE, 2019: 1328-1338.

[24] MELEKHOV I, KANNALA J, RAHTU E. Siamese Network Features for Image Matching [C]. 23rd International Conference on Pattern Recognition (ICPR), 2016: 378-383.

[25] YICONG T, AFSHIN D, MUBARAK S. On Detection, Data Association and Segmentation for Multi-Target Tracking [J]. IEEE Transactions on Pattern Analysis and Machine Intelligence, 2019, 41 (9): 2146-2160.

[26] DAWEI Z, HAO F, LIANG X, et al. Multi-Object Tracking with Correlation Filter for Autonomous Vehicle [J]. Sensors, 2018, 18 (7): 2004.

[27] YANG M, WU Y, JIA Y. A Hybrid Data Association Framework for Robust Online Multi-Object Tracking [J]. IEEE Transactions on Image Processing, 2017, 26 (12): 5667-5679.

[28] SEGUIN G, BOJANOWSKI P, LAJUGIE R, et al. Instance-level Video Segmentation from Object Tracks [C]. 2016 IEEE Conference on Computer Vision and Pattern Recognition (CVPR), IEEE, 2016: 3678-3687.

[29] SADEGHIAN A, ALAHI A, SAVARESE S. Tracking the Untrackable: Learning to Track Multiple Cues with Long-Term Dependencies [C]. 2017 IEEE International Conference on Computer Vision (ICCV), IEEE, 2017: 300-311.

[30] ZHANG Z, PENG H. Deeper and Sider Siamese Networks for Real-Time Visual Tracking [J]. arXiv, 2019, arXiv: 1901. 01660.

[31] LIANG Y, LU X, HE Z, et al. Multiple Object Tracking by Reliable Tracklets [J]. Signal Image Video Process, 2019, 13: 823-831.

[32] ZHAO H, CHEN N, LI T, et al. Motion Correction in Optical Resolution Photoacoustic Microscopy [J]. IEEE Transactions on Medical Imaging, 2019, 38 (9): 2139-2150.

[33] FANG K, XIANG Y, LI X, et al. Recurrent Autoregressive Networks for Online Multi-

Object Tracking［C］. 2018 IEEE Winter Conference on Applications of ComputerVision（WACV）, IEEE, 2018: 466-475.

［34］RISTANI E, TOMASI C. Features for Multi-Target Multi-Camera Tracking and Re-identification［C］. 2018 IEEE/CVF Conference on Computer Vision and Pattern Recognition, 2018: 6036-6046.

［35］VOIGTLAENDER P, KRAUSE M, OSEP A, et al. MOTS: Multi-Object Tracking and Segmentation［C］. 2019 IEEE/CVF Conference on Computer Vision and Pattern Recognition（CVPR）, IEEE, 2019: 7934-7943.

［36］KENI B, RAINER S. Evaluating Multiple Object Tracking Performance: the Clear Mot Metrics［J］. Eurasip Journal on Image and Video Processing, 2008: 246309.

［37］LI Y, HUANG C, NEVATIA R. Learning to Associate: HybridBoosted Multi-Target Tracker for Crowded Scene［C］. 2009 IEEE Conference on Computer Vision and Pattern Recognition. IEEE, 2009: 2953-2960.

［38］LEAL-TAIXÉ L, FERRER C C, SCHINDLER K. Learning by Tracking: Siamese CNN for Robust Target Association［C］. 2016 IEEE Conference on Computer Vision and Pattern Recognition Workshops（CVPRW）, 2016: 418-425.

［39］WANG S, FOWLKES C C. Learning Optimal Parameters for Multi-Target Tracking with Contextual Interactions［J］. International Journal of Computer Vision, 2017, 122: 484-501.

［40］LENZ P, GEIGER A, URTASUN R. Follow Me: Efficient Online Min-Cost Flow Tracking with Bounded Memory and Computation［C］. 2015 IEEE International Conference on Computer Vision（ICCV）, IEEE, 2015: 4364-4372.

［41］QI C, WANLI O, HONGSHENG L, et al. Online Multi-Object Tracking Using CNN-Based Single Object Tracker with Spatial-Temporal Attention Mechanism［C］. 2017 IEEE International Conference on Computer Vision（ICCV）, IEEE, 2017: 4846-4855.

［42］HSU S H, HUANG C L. Road Sign Detection and Recognition Using Matching Pursuit Method［J］. Image Vis Comput, 2001, 19（3）: 119-129.

［43］NGUWI Y Y, KOUZANI A Z. Detection and Classification of Road Signs in Natural Environments［J］. Neural Comput Appl., 2008, 17（3）: 265-289.

［44］CREUSEN I, WIJNHOVEN R G J, HERBSCHLEB E, et al. Color Exploitation in HOG-Based Traffic Sign Detection［C］. Proc. IEEE ICIP, 2010: 2669-2672.

［45］DE LA ESCALERA A, ARMINGOL J M, MATA M. Traffic Sign Recognition and Analysis for Intelligent Vehicles［J］. Image Vis Comput, 2003, 21（3）: 247-258.

［46］DE LA ESCALERA A, ARMINGOL J M, PASTOR J M, et al. Visual Sign Information

Extraction and Identification by Deformable Models for Intelligent Vehicles [J]. IEEE Trans. Intell. Transp. Syst., 2004, 5 (2): 57-68.

[47] ZHANG W Y, ZHAO Q S. Research on Defect Detection of Cord Fabrics Based on Gabor Wavelet Transform [J]. Computer Engineering & Applications, 2008, 82 (4): 577-585.

[48] MIURA J. An Active Vision System for Real-Time Traffic Sign Recogntition [J]. Proc. IEEE Conf. on Intelligent Transportation Systems, 2002, E85-D (11): 1784-1792.

[49] 孔晨辰. 基于加权组稀疏表示的人脸识别方法研究 [D]. 杭州: 浙江工业大学, 2015.

[50] 王菁. 基于颜色空间部分的彩色图像分割算法研究 [D]. 曲阜: 曲阜师范大学, 2010.

[51] 李晓东. 基于子空间和流形学习的人脸识别算法研究 [M]. 济南: 山东人民出版社, 2013.

[52] 王小龙. 基于视频图像的车型识别算法研究与实现 [D]. 西安: 西安电子科技大学, 2014.

[53] 陈宏彩. 一种基于深度卷积神经网络的车辆颜色识别方法 [J]. 河北省科学院学报, 2017, 34 (2): 1-6.

[54] 袁文翠, 孔雪. 基于 TensorFlow 深度学习框架的卷积神经网络研究 [J]. 微型电脑应用, 2018, 34 (2): 29-32.

[55] 祁昊. 强化学习及其在 Femtocell 网络干扰管理中的应用 [D]. 南京: 南京大学, 2017.

[56] 梁文莉. 基于独立成分分析的人脸识别算法研究 [D]. 西安: 西安科技大学, 2012.

[57] 罗海波, 何淼, 惠斌, 等. 基于双模全卷积网络的行人检测算法 [J]. 红外与激光工程, 2018, 47 (2): 10-17.

[58] 杨心. 基于卷积神经网络的交通标识识别研究与应用 [D]. 大连: 大连理工大学, 2014.

[59] 池燕玲. 基于深度学习的人脸识别方法研究 [D]. 福州: 福建师范大学, 2015.

[60] 李珊珊. 基于深度学习的交通场景多目标检测 [D]. 长沙: 湖南大学, 2017.

[61] 董学强, 曾连荪. 运用神经网络获取图像的运动信息 [J]. 现代计算机 (专业版), 2018 (18): 54-57.

[62] 张州. 基于 TensorFlow 的 Android 平台实时车辆和交通标志牌检测的研究 [D]. 北京: 中国地质大学, 2018.

[63] 冉鹏, 王灵, 李昕, 等. 改进 Softmax 分类器的深度卷积神经网络及其在人脸识别中的应用 [J]. 上海大学学报 (自然科学版), 2018, 24 (3): 352-366.

[64] 丁庆木, 张虹. 基于 PC 的医学图像体绘制方法研究与仿真 [J]. 微计算机信息, 2007, 23 (36): 274-276.

[65] 马春庭, 郑坚, 陈东根, 等. 地面战场侦察系统多目标识别的评价指标 [J]. 探测与控

制学报，2006，28（1）：6-9.

[66] 胡聪，屈瑾瑾，许川佩，等. 基于自适应池化的神经网络的服装图像识别 [J]. 计算机应用，2018，38（8）：2211-2217.

[67] 薛梦霞，刘士荣，王坚. 基于机器视觉的动态多目标识别 [J]. 上海交通大学学报，2017，51（6）：727-733.

[68] YE T, WANG B, SONG P, et al. Automatic Railway Traffic Object Detection System Using Feature Fusion Refine Neural Network under Shunting Mode [J]. Sensors, 2018, 18（6）：1916.

[69] LECUN Y, BENGIO Y, HINTON G E, et al. Deep Learning [J]. Nature, 2015, 521（7553）：436-444.

[70] HAN J, ZHANG D, CHENG G, et al. Advanced Deep Learning Techniques for Salient and Category-Specific Object Detection：a Survey [J]. IEEE Signal Processing Magazine, 2018, 35（1）：84-100.

[71] RANJAN R, SANKARANARAYANAN S, BANSAL A, et al. Deep Learning for Understanding Faces：Machines Maybe Just as Good, or Better, than Humans [J]. IEEE Signal Processing Magazine, 2018, 35（1）：66-83.

[72] CHIN T W, YU C L, HALPERN M, et al. Domain-Specific Approximation for Object Detection [J]. IEEE Micro, 2018, 38（1）：31-40.

[73] LIU W, ANGUELOV D, ERHAN D, et al. SSD：Single Shot Multibox Detector [C]. European conference on computer vision, Springer, Cham., 2016：21-37.

[74] REN S, HE K, GIRSHICK R, et al. Faster R-CNN：Towards Real-Time Object Detection with Region Proposal Networks [J]. IEEE Transactions on Pattern Analysis & Machine Intelligence, 2017, 39（6）：1137-1149.

[75] REDMON J, DIVVALA S, GIRSHICK R, et al. You Only Look Once：Unified, Real-Time Object Detection [C]. Computer Vision and Pattern Recognition, IEEE, 2016：779-788.

[76] MOESKOPS P, VIERGEVER M A, MENDRIK A M, et al. Automatic Segmentation of MR Brain Images with a Convolutional Neural Network [J]. IEEE Transactions on Medical Imaging, 2016, 35（5）：1252-1261.

[77] JIN K H, MCCANN M T, FROUSTEY E, et al. Deep Convolutional Neural Network for Inverse Problems in Imaging [J]. IEEE Transactions on Image Processing, 2017, 26（9）：4509-4522.

[78] ZEILER M D, FERGUS R. Visualizing and Understanding Convolutional Networks [C]. European Conference on Computer Vision, Springer, Cham., 2014：818-833.

［79］ LUAN S, CHEN C, ZHANG B, et al. Gabor Convolutional Networks ［J］. IEEE Transactions on Image Processing, 2017: 99.

［80］ KEIL A, STOLAROVA M, MORATTI S, et al. Adaptation in Human Visual Cortex as a Mechanism for Rapid Discrimination of Aversive Stimuli ［J］. Neuroimage, 2007, 36 (2): 472-479.

［81］ GEIGER A, LENZ P, STILLER C, et al. Vision Meets Robotics: the KITTI Dataset ［J］. International Journal of Robotics Research, 2013, 32 (11): 1231-1237.

［82］ GAO M, YU R, LI A, et al. Dynamic Zoom-in Network for Fast Object Detection in Large Images ［C］. 2018 IEEE/CVF Conference on Computer Vision and Pattern Recognition (CVPR), IEEE, 2018.

［83］ CHEN D, TRIVEDI K S. Optimization for Condition-Based Maintenance with Semi-Markov Decision Process ［J］. Reliability Engineering & System Safety, 2017, 90 (1): 25-29.

［84］ CUCCHIARA A. Applied Logistic Regression ［J］. Technometrics, 1992, 34 (3): 358-359.

［85］ BARHOUMI W, BAKKAY M C, ZARGOUBA E. Automated Photo-Consistency Test for Voxel Colouring Based on Fuzzy Adaptive Hysteresis Thresholding ［J］. Iet Image Processing, 2013, 7 (8): 713-724.

［86］ HANSON J, YANG Y, PALIWAL K, et al. Improving Protein Disorder Prediction by Deep Bidirectional Long Short-Term Memory Recurrent Neural Networks ［J］. Bioinformatics, 2016, 33 (5): 685-692.

［87］ LIU M, ZHU M L. Mobile Video Object Detection with Temporally-Aware Feature Maps ［C］. IEEE/CVF Conference on Computer Vision and Pattern Recognition, 2018.

［88］ SU B, LU S. Accurate Recognition of Words in Scenes without Character Segmentation Using Recurrent Neural Network ［J］. Pattern Recognition, 2017, 63: 397-405.

［89］ ZORZI M. Robust Kalman Filtering under Model Perturbations ［J］. IEEE Transactions on Automatic Control, 2017: 99.

［90］ THOMEE B, SHAMMA D A, FRIEDLAND G, et al. YFCC100M: the New Data in Multimedia Research ［J］. Communications of the Acm., 2016, 59 (2): 64-73.

［91］ WANG Y, WANG C, ZHANG H, et al. Combing Single Shot Multibox Detector with Transfer Learning for Ship Detection Using Chinese Gaofen-3 Images ［C］. Progress in Electromagnetics Research Symposium-Fall, IEEE, 2018: 712-716.

［92］ SHEN Z, LIU Z, LI J, et al. DSOD: Learning Deeply Supervised Object Detectors from Scratch ［C］. IEEE International Conference on Computer Vision, IEEE, 2017: 1937-1945.

［93］ ZHANG J, HUANG M, JIN X, et al. A Real-Time Chinese Traffic Sign Detection Algorithm Based on Modified YOLOv2 ［J］. Algorithms, 2017, 10 (4)：127.

［94］ ARAKI R, FUJIYOSHI H, HIRAKAWA T, et al. MT-DSSD：Multi-Task Deconvolutional Single Shot Detector for Object Detection, Segmentation, and Grasping Detection ［J］. Advanced Robotics, 2022, 36 (8)：373-387.

第 3 章

复杂环境下可通行区域解析技术

为保障地面无人轮式或履带式平台能够正常实现避障，保障轮腿等复合行走应急救援装备能够正常实现越障，并为后续的路径规划，决策控制提供依据，本章重点研究了地面无人装备在复杂的非结构化环境下的可通行区域解析技术，基于三种不同的数据传感器提出了三项新技术，分别是基于视觉图像的野外道路智能导向技术、基于激光雷达点云数据的可通行区域提取技术、基于深度立体视觉的环境分割技术。试验与应用效果分析验证了本书方法的先进性，对复杂任务场景适应能力较强。

3.1　基于视觉图像的野外道路智能导向技术

现阶段大部分车载机器视觉系统只适用于高速公路或其他有道路标志线的结构化道路环境，然而在一些特殊的如军事、救灾等应用领域中，无人车辆需要在没有车道线和标志牌的非结构化道路（见图3-1）上行驶、作业。所以对地面无人装备在复杂的非结构化环境下的道路识别问题开展研究工作，不仅具有重要的现实意义，而且具备广阔的应用前景[1-6]。

图 3-1　几种典型野外复杂非结构化道路

　　道路的导向线信息能够较好地标示道路的走向，引导无人装备前进。现阶段大部分车载机器视觉系统对于高速公路或其他有道路标志线的结构化道路环境已经较好地完成了导向线提取，然而在一些特殊的如军事、救灾等应用领域中，无人车辆需要在没有车道线和标志牌的非结构化道路上行驶、作业。因此，研究野外复杂环境下非结构化道路的导向线提取问非常有必要。

　　现阶段的道路检测算法主要分为基于特征[7-9]、基于模型[10]、基于机器学习[11-12]三大类。文献［13］提出一种通过迭代的方式估计消失点与道路边缘来提取导向线的方法，用二倍角正弦函数来对方向一致率进行加权处理，再通过迭代循环的方式进行消失点和边缘的更新，能够有效提高消失点的估计精度以及道路边缘的检测精度。文献［14］提出的采用纹理方向以及消失点相结合的方式进行导向线提取的方法，具备较强的抗干扰能力，使得导向线的提取精度得到了显著提升。但是对于边缘纹理不清晰或较弱的道路则存在较大检测误差。文献［15］提出了一个统一的端到端可训练性多任务网络（Vanishing Point Guided Network，VPGN），联合处理由消失点引导的车道和道路标记检测和识别，具有较强的鲁棒性，在城市道路下有较高的识别精度，但是对于训练集样本依赖过大，且在非结构化道路条件下效果并不理想。

　　针对现有算法的不足，本节提出了一种基于改进的 MRF 推理分割和进化算法寻优的野外复杂道路导向技术。

　　（1）在超像素分割的基础上构建基于颜色、纹理、结构的融合特征避免了少数特征引起的分类偏差，又涵盖了位置、形状等先验知识，增强了超像素块的区分能力和稳定性。

　　（2）采用无监督的 MRF 推理技术进行野外复杂环境下的道路初分割，既考虑到超像素块的多特征融合信息，又兼顾了超像素块邻域类标一致性的先验知识，如某些疑似超像素块被道路内超像素块包围，更加倾向于分类成道路类，若是与道路整体区域分离更加倾向于分类为非道路类，有助于提高算法的抗干扰能力和鲁棒性，更加符合工程实际情况。

　　（3）通过道路类聚类中心（超像素种子块）在道路模型与车前最小左右转弯半径交叉覆盖范围内必定为路的先验知识动态选取道路类超像素种子块，不仅提升了算法对野外"车走路变"的普适性，还有效避免了随机选取道路类超像素种子块可能引起的训练偏差和效率降低。

　　（4）将统计学习理论和最优化方法与机器学习结合起来，提高识别算法的精度和运行效率，针对基于拉普拉斯支持向量机（LapSVM）的半监督分类方法不能有效处理大规模图像分类的问题，提出了通过融合道路模型与先验知识动态预选取道路类超像素种子块样本进行监督训练的 SVM 分类方法，有效地提高了分类器的分类精度，降低了算法的时间和空间复杂度。

（5）借助统计学习理论和最优化方法解决机器学习问题，提出了双直线估计道路边缘的行驶引导线提取技术，基本思想是双直线反映道路的大致方向，并尽可能大地涵盖道路区域，符合人眼对道路的直观感知，可操作性强，出现的偏差较小。

3.1.1 超像素类标 MRF 推理场景分割

1. 超像素块多特征融合

超像素将图像从像素级划分成区域级，将图像划分为同质的区域再进行分类可以提高图像分割的效率。采用 SLIC（Simple Linear Iterative Cluster）算法进行超像素块分割。SLIC 算法与传统超像素分割方法相比处理速度更快，占用内存更小，边缘吻合度更高，可以将图像划分为均匀的小块区域，邻域特征比较容易表达，且能够较好地保留住图像中物体的轮廓以及边缘等重要特征信息。

为了能够获得区分性较好的视觉特征以实现对超像素块的准确分类，通过对多种类型特征进行融合的方式来对超像素块进行描述。结合野外非结构化道路场景图像特点，提取图像中的颜色、纹理、结构、位置形状这几类特征完成视觉特征集的构建。

（1）颜色特征。野外非结构化场景图像包含非常丰富的颜色信息，Lab 色彩模型由亮度 L 和有关色彩的 a、b 三个要素组成，致力于感知均匀性，它的 L 分量密切匹配人类对亮度的感知，对阴影和光照有较强的鲁棒性。所以在 HSV（色调、饱和度、明度）和 Lab 这两种颜色空间下提取颜色统计特征。提取超像素在 Lab 颜色空间下两个颜色通道 a、b 的均值、方差、斜度，以及在 HSV 颜色空间下的色度直方图和饱和度直方图[9]。

（2）纹理特征。野外非结构化道路场景的纹理信息体现出多、杂、乱的特点，传统统计、几何、模型等方法提取纹理特征不能取得很好的区分效果。局部二进制模式（Local Binary Patterns，LBP）对图像局部纹理特征具有卓越描绘能力，它的计算复杂度低，具有灰度尺度不变性，易于工程实现，纹元字典无须训练学习，可以非常灵活地适应计算机视觉领域。其中 MRELBP（Median Robust Extended Local Binary Pattern）方法可以捕获微观结构和宏观结构信息，具有计算复杂度低、特征维数较低的特点，对高斯随机噪声、椒盐噪声、随机像素损毁和图像模糊等具有高鲁棒性[16]。采用 MRELBP 法来提取超像素块的纹理特征，然后将获得的关联 LBP 特征谱统计直方图作为特征向量用于分类识别。

（3）结构信息。结构信息具有很好的稳定性，不容易受外界环境的干扰，能够有效提高超像素块分类的鲁棒性和抗干扰能力。采用稠密方式提取 SIFT（Scale-Invariant Feature Transform）尺度不变特征以及 HOG（Histogram of Oriented Gradient）方向梯度直方图，也就是先在超像素块区域内对每个像素的 SIFT 以及 HOG 特征向量进行计算，然后对超像素块内所有 SIFT、HOG 向量求几何平均来作为该超像素块的结构信息特征向量[9]。

（4）形状及位置特征。野外非结构化道路场景中不同类别的超像素块的形状以及位置差异可以为超像素块的分类提供很大价值的几何布局信息。

由图 3-2 超像素块的分割结果可以看出，因为道路区域纹理、颜色等多种特征融合复杂，所以分割形成的超像素块形状并不规则，与天空、水坑等特征均匀区域的规则六边形超像素块对比明显。采用基于 Hu 不变矩[17]的方法来提取形状特征，即归一化的超像素不变矩和离心率值。

图 3-2　SLIC 超像素图像分块

依据一定的模型和先验知识，针对非结构化道路识别问题，车辆在行驶过程中，在通道宽度内，当视觉系统安装固定且沿车辆轴向时，恒定视野区域始终为可靠的道路区域[18]。所以超像素块的位置信息同样具有较好的区分度，采用归一化的超像素块中心像素位置的方法提取超像素块位置特征[19]。

2. 道路类超像素种子块动态选取

针对非结构化道路识别问题，车辆在行驶过程中，在通道宽度内，当视觉系统安装固定且沿车辆轴向时，恒定视野区域始终为可靠的道路区域。在道路类聚类中心（超像素种子块）的选取上融合了车前最小左右转弯半径交叉覆盖范围内必定为路的先验知识，既提升了对野外"车走路变"的自适应性，同时又避免了随机选取道路类超像素种子块可能引起的训练偏差和效率降低。

可以确定道路图像中，车前以略大于车宽的尺寸 D 为底边长，高为 l 的等腰三角形区域，为图像中道路类超像素种子块选取最佳区域，如图 3-3 所示。依据几何学知识可以求得高 l 如式（3-1）所示：

$$l = \sqrt{R^2 - (r + D/2)^2} \tag{3-1}$$

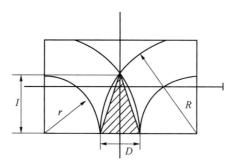

图3-3　图像道路区域示意图

式中，D 为车宽对应图像中尺寸；r 为汽车最小转弯半径对应图像中尺寸；R 为汽车最大转弯半径对应图像中尺寸。

3. 基于改进拉普拉斯支持向量机的超像素块分类回归器训练

把向量 f_i 记为某一超像素块 a_i 的全部特征向量，$l_i \in \{1,2,3\}$ 代表类标集合，不同类标分别对应道路、垂直障碍和天空 3 类野外场景区域。由 f_i 和 l_i 组成超像素块的多类别分类回归器 H_1 的训练集 S_1 如式（3-2）所示：

$$S_1 = \{f_i, l_i\} \tag{3-2}$$

超像素块的领域间信息能够辅助对该超像素块的属性以及类别进行判别，因此采用 2 个超像素的差值训练了用来对相邻超像素类别的一致性进行评估的回归器[20]。用 $k_i \in \{-1,1\}$ 来表示超像素对的一致性标签，其中相邻的 2 个超像素属于不同类别或者属于相同类别的判定结果分别用标签 -1 和 1 来进行表示。一致性回归器 H_2 的训练集 S_2 如式（3-3）所示：

$$S_2 = \{s(f_i, f_i'), k_i\} \tag{3-3}$$

式中，$s(f_i, f_i')$ 表示相邻两个超像素的特征差。

拉普拉斯支持向量机（LapSVM）算法主要研究的是如何能同时利用少量的标识样本以及大量的未标识样本来进行向量机的训练以及分类。它是一种半监督分类算法，且基于流形正则[21]。LapSVM 算法的学习模型通过引入样本流形正则项[21]来使得样本的固有几何结构信息得以被包含在内。LapSVM 在学习过程中充分考虑到了样本间的局部几何结构信息，以体现蕴含在样本局部中的具有高鉴别度的信息，从而得到更加准确的分类结果。

样本集合 $S = \{x_i, i = 1, \cdots, n\}$，$x_i$ 代表第 i 个样本，n 表示的是样本的个数。集合 $L = \{x_i, i = 1, \cdots, m\}$ 表示的是标识样本，m 表示的是标识样本的个数，无标识的样本的集合用 $U = \{x_i, i = 1, \cdots, u\}$ 表示，其中未标识的样本的个数用 u 来表示。而第 i 个样本所属的类别可以用 y_i 来表示，$y_i \in \{-1,1\}$。LapSVM 模型如式（3-4）所定义：

$$f' = \min_{f \in H_k} \sum_{i=1}^{m} \max(1 - y_i f(x_i), 0) + \gamma_A \left\| f \right\|_A^2 + \gamma_I \left\| f \right\|_I^2 \tag{3-4}$$

式中，$f = [f(x_i), x_i \in S]^T$ 表示的是训练数据集合上的 n 维列向量。在再生核希尔伯特空间中定义的环境范数可以用 $\|\bullet\|^2$ 来表示，核函数相关的再生核希尔伯特空间用 H_k 来表示。参数 γ_A 是用来控制 $\|f\|_A^2$ 在再生核希尔伯特空间中的复杂性程度的权值；$\|f\|_I^2$ 是用来保存样本分布的内在流形结构的流形正则项，参数 γ_I 是用来控制内在几何结构函数的复杂性程度的低维流形中函数的权值。通过计算拉格朗日乘子，可以得到如式（3-5）所示的分类器：

$$f' = \sum_{i=1}^{n} \alpha_i' K(x_i, x) \tag{3-5}$$

式中，α_i' 为拉格朗日乘子，核矩阵用 K 来表示。用式（3-6）进行拉格朗日乘子的求解。

$$\alpha' = (2\gamma_A I + 2\gamma_I KL)^{-1} J_L^T Y \beta' \tag{3-6}$$

式中，I 代表的是单位矩阵，拉普拉斯矩阵用 L 表示，对角矩阵 $Y \in \mathbf{R}^{m \times m}$ 由标识样本 y_i，$i = 1, \cdots, m$ 所组成。分块矩阵 $J_L \in \mathbf{R}^{m \times m}$ 由标识样本与未标识样本组合形成。β' 为拉格朗日乘子，具体如式（3-7）所示：

$$\beta' = \max_{\beta \in R^m} \sum \beta_i - \frac{1}{2} \boldsymbol{\beta}^T Q \boldsymbol{\beta} \tag{3-7}$$

$$Q = Y J_L K (2\gamma_A I + 2\gamma_I KL)^{-1} J_L^T Y \tag{3-8}$$

$$\text{s.t.} \sum_{i=1}^{m} \beta_i y_i = 0; 0 \leqslant \beta_i \leqslant 1, i = 1, 2, \cdots, m \tag{3-9}$$

从上面各公式的定义可以看出，拉普拉斯支持向量机算法中涉及许多矩阵之间的运算和转换，当其中包含有较多的无标记样本时，算法的运行将会占据很大的内存以及 CPU 较多的运算资源，严重的将会引起内存溢出等问题。可以通过原始优化来加速训练过程，将拉普拉斯支持向量机的模型公式重新定义为式（3-10）：

$$\min_{\alpha \in \mathbf{R}^n, b \in \mathbf{R}} \left(\sum_{i=1}^{m} \max(1 - y_i(K_i^T \alpha + b), 0) + \gamma_A \boldsymbol{\alpha}^T K \boldsymbol{\alpha} + \gamma_I (\boldsymbol{\alpha}^T K + I^T b L (K\alpha + B)) \right)^{\frac{1}{2}} \tag{3-10}$$

式中，b 为 SVM 定义中的阈值，y_i，$i = 1, \cdots, m$ 为标识样本，参数 γ_A 为权重，K 为核矩阵，α 为拉格朗日乘子。

利用拉普拉斯支持向量机算法进行分类，利用的有标识样本数量越少，那么对分类结果造成的误差也会越大。通过上文动态选取道路区域标识样本，选取那些在确定道路区域里面或者附近的超像素块样本即可能属于道路区域的超像素块样本加入训练样本集，舍弃了离确定道路区域较远或在图像四角位置的无标记样本。

结合动态道路预选取样本的拉普拉斯支持向量机的超像素块分类算法，首先从全部无标记样本当中选取少量的包含启发信息更为丰富的 m 个无标记样本，总共有 l 个标记样本，和

预先选取出来的 m 个无标记样本，建立由 $m+l$ 个样本组成的 k 近邻图，然后，在这个图的基础上进行目标函数 f 的构造来实现分类。

算法基本流程如下：

（1）输入无标识样本的集合 $U = \{x_i, i = 1, \cdots, u\}$ 以及标识样本的集合 $L = \{x_i, i = 1, \cdots, m\}$。

（2）在 u 个无标记样本当中预选取含启发信息更为丰富的 m 个无标记样本。

（3）核矩阵 $\mathbf{K}_{ij} = K(x_i, x_j)$ 利用高斯核函数进行计算。

（4）计算图的拉普拉斯矩阵 $\mathbf{L} = \mathbf{D} - \mathbf{W}$，其中 $\mathbf{D}$ 代表的是对角矩阵，矩阵当中的元素 $D_{ii} = \sum_{j=1}^{l+m} W_{ij}$，边权矩阵用 $\mathbf{W}$ 进行代表。

（5）确定合适的权值 γ_A 以及 γ_I。

（6）计算 $\mathbf{a}^* = (2\gamma_A \mathbf{I} + 2\gamma_I \mathbf{KL})^{-1} \mathbf{J}_L^{\mathrm{T}} \mathbf{Y} \boldsymbol{\beta}^*$。

（7）输出分类函数 $\mathbf{f}' = \sum_{i=1}^{n} \alpha_i' \mathbf{K}(x_i, x)$。

通过对标识样本和无标识样本的超像素块特征向量进行训练学习，可以得到 LapSVM 分类器，即可用于对野外复杂非结构化道路图像进行道路区域检测与识别。通过训练学习得到多类别回归器 H_1，在测试过程中，对于一个输入特征，多类回归器 H_1 的输出是 1、2、3。其中隐含层节点数取为 3，我们可以自动地动态选取道路区域超像素种子块作为道路聚类中心。

2 个超像素块属于相同类别的隶属度用一致性回归器 H_2 的回归值来表示。回归器 H_2 的输出值是连续值，在-1 和 1 之间。

4. 超像素标类马尔可夫推理分割

马尔可夫随机场（Markov Random Fields）模型相比其他方法的优势是：提供了一种简单方法来对先验知识建模，它能够综合环境知识的影响，当建立合适的图模型后，获得的全局最优解更加符合人眼视觉感知特性[22]。当超像素分类完成之后，采用 MRF 推理的方法得到超像素的类标。对于一副输入图像，假设 $A = \{a_i\}$ 是图像的超像素集合，对应的成对 MRF 能量函数如式（3-11）所示：

$$E(l) = \sum_{a_i \in A} U_i(l_i) + \alpha \sum_{(a_i, a_j) \in P} V_{ij}(l_i, l_j) \tag{3-11}$$

式中，i 和 j 是超像素索引号；l_i 和 l_j 分别是超像素 i 和 j 的候选标签；成对能量项的权值由 α 表示；由超像素的回归结果计算得到代表数据项和平滑项的势能函数，分别由 U_i 和 V_{ij} 来表示，其中 U_i 为 a_i 的类标值以及类别回归值之间差的绝对值，表示的是像素块 a_i 被分配到类标 l_i 的代价值，如式（3-12）所示：

$$U_i(l_i) = |H_1(f_i) - l_i| \tag{3-12}$$

超像素对 $\{a_i, a_j\}$ 之间的成对势能 V_{ij} 是用来对相邻超像素 a_i、a_j 取不同类标进行处罚的代价值。成对的代价函数用 Potts 模型[23]来表示，如式（3-13）、式（3-14）所示：

$$V_{ij} = \beta(l_i, l_j) T(l_i, l_j) \qquad (3-13)$$

$$T(l_i, l_j) = \begin{cases} 1, l_i \neq l_j \\ 0, l_i = l_j \end{cases} \qquad (3-14)$$

式中，β 是相邻超像素之间的权值，由类别一致性回归器的输出来计算，如式（3-15）所示：

$$\beta(l_i, l_j) = 1 + H_2(f_i, f_j) \qquad (3-15)$$

图割算法（Graph Cuts）是优化离散方程的有力工具，通过最小化图割来最小化 MRF 能量函数，从而完成对图像的场景分割[24-25]。

3.1.2　智能寻优道路导向线提取

通过道路分割能够获得复杂不规则的道路区域，如何引导车辆下一步的前进方向成为无人驾驶的又一关键问题，对不规则的道路边界，基于纹理消失点的导向线估计误差较大，而基于道路模型的导向线估计边界，在复杂野外环境下待拟合点选择困难，拟合偏差较大。双直线道路边界能够反映道路的大致方向，并尽可能大地涵盖道路区域，可操作性强，出现的偏差较小。

1. 非结构化道路双直线边界与导向线模型

大部分的野外非结构化道路并不是直线，但是道路的曲率通常很小，据此我们可以将非结构化道路的左右两条边界都假设成直线，如图 3-4 所示，如此就能够采用双直线道路边界来对图像中的左右道路边界进行拟合约束。这大大降低了运算的复杂度，提高了程序的运行效率。

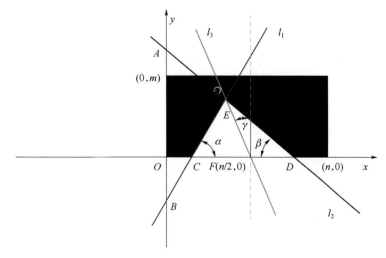

图 3-4　非结构化道路双直线边界及导向线模型

依据以上两条道路边缘判定准则，我们以图像的左下角顶点为整个坐标系的原点 O，直线 l_1 作为道路的左边缘，其函数方程如式（3-16）所示：

$$y_1 = k_1 \times x + b_1 \qquad (3-16)$$

道路的右边缘取为直线 l_2，函数方程如式（3-17）所示：

$$y_2 = k_2 \times x + b_2 \qquad (3-17)$$

图片的尺寸为 $m \times n$，由方程组（3-18）：

$$
\begin{cases}
y_3 = k_1 \times x_3 + b_1; \\
y_3 = k_2 \times x_3 + b_2; \\
0 = k_1 \times x_1 + b_1; \\
0 = k_2 \times x_2 + b_1; \\
y_1 = b_1; \\
y_2 = b_2;
\end{cases} \qquad (3-18)
$$

可求解得到 l_1 与 x 轴的交点 $C(X_1,0)$，与 y 轴的交点 $B(0,Y_1)$：

$$
\begin{cases}
X_1 = \dfrac{-b_1}{k_1} \\
Y_1 = b_1
\end{cases} \qquad (3-19)
$$

l_2 与 x 轴的交点 $D(X_2,0)$，与 y 轴的交点 $A(0,Y_2)$：

$$
\begin{cases}
X_2 = \dfrac{-b_2}{k_2} \\
Y_2 = b_2
\end{cases} \qquad (3-20)
$$

l_1 与 l_2 的交点 $E(X_3,Y_3)$ 作为非结构化道路的消失点。

$$
\begin{cases}
X_3 = \dfrac{b_2 - b_1}{k_1 - k_2} \\
Y_3 = \dfrac{b_2 - b_1}{k_1 - k_2} \times k_1 + b_1
\end{cases} \qquad (3-21)
$$

依据先验知识，我们假定车辆当前所处位置为 F 点 $(n/2,0)$，由 E、F 点我们可以求得道路的导向线 l_3，由点斜公式可以求得 l_3 的方程，如式（3-22）所示：

$$
\begin{cases}
k_3 = \dfrac{Y_3}{X_3 - \dfrac{n}{2}} = \dfrac{b_2 \times k_1 - b_1 \times k_2}{b_2 - b_1 - \dfrac{n}{2} \times (k_1 - k_2)} \\
b_3 = -k_3 \times \dfrac{n}{2} = \dfrac{n(b_2 \times k_1 - b_1 \times k_2)}{2b_2 - 2b_1 - n \times (k_1 - k_2)} \\
y_3 = k_3 \times x + b_3
\end{cases} \qquad (3-22)
$$

车辆继续前进需调整角度为 γ，如式（3-23）所示：

$$\gamma = \begin{cases} \tan(k_3) - \pi/2, & k_3 < 0 \\ -\tan(k_3) + \pi/2, & k_3 > 0 \end{cases} \tag{3-23}$$

2. 有约束道路边界双直线估计目标函数构造

结合人眼对道路的直观感知和先验知识，通过整体估计的方式来进行道路边界双直线估计。

合理的道路边界双直线应该尽可能完整地包含道路区域，即边界所包含的道路部分占道路总区域的比例要尽可能大。同时，最优的道路边界包含的区域内，道路应该占有尽可能多的比例。由此我们构造了两个目标子函数：边界包含区域内道路部分所占比例 μ_1、边界内道路占道路整体的比例 μ_2。依据构造的双直线模型我们可以得到，双直线模型道路边界包含的区域面积 s_1 为：

$$s_1 = \left(\frac{b_1}{k_1} - \frac{b_2}{k_2} \right) \times \left(\frac{(b_2 - b_1) \times k_1}{k_1 - k_2} + b_1 \right) / 2 \tag{3-24}$$

因为道路区域的面积一般是不规则图形，我们通过初分割可以获得道路边缘像素点的位置信息，转换到双直线模型坐标系中可以表示为坐标 (x_i, y_i)，使用牛顿积分求边界内不规则道路区域的面积 σ。所以：

$$\sigma = \int d\sigma$$

$$\mu_1 = \frac{\sigma}{s_1} \tag{3-25}$$

初分割出来整体的道路区域面积 s_2 为：

$$s_2 = \min(y_i, y_{i+1}) \tag{3-26}$$

$$\mu_2 = \frac{\sigma}{s_2} \tag{3-27}$$

我们通过将 μ_1 和 μ_2 线性加权的形式构造 DICCA 算法的目标函数 F，如式（3-28）所示：

$$F = \frac{1}{\lambda_1 \mu_1 + \lambda_2 \mu_2} \tag{3-28}$$

式中，λ_1 和 λ_2 分别代表约束条件子函数 μ_1 和 μ_2 对总体最优化目标函数的指标权重。

所求得的最优化目标函数 F 的极小值对应的道路边界即是最优检测结果。

由非结构化道路的双直线模型结合先验知识，我们可以得到最优化目标函数的约束边界条件：

（1）为提高运行效率，加快收敛速度，假设道路消失点即两边界交点在图像内部，即：

$$\begin{cases} \dfrac{b_1}{k_1} - \dfrac{b_2}{k_2} \in (0, n) \\ \dfrac{(b_2 - b_1) \times k_1}{k_1 - k_2} + b_1 \in (0, m) \end{cases} \tag{3-29}$$

（2）取两边界直线与 x 轴的夹角 $\alpha \in (10°, 170°)$，$\beta \in (10°, 170°)$，取值间隔 $\Delta\theta = 5°$，则两直线斜率为：

$$\begin{cases} k_1 \in (\tan(10°), \tan(170°)) \\ k_2 \in (\tan(10°), \tan(170°)) \end{cases} \tag{3-30}$$

3. 群智能边界寻优估计

差分免疫克隆算法 DICCA（Differential Immune Clone Clustering Algorithm）主要是通过差分进化及免疫克隆，利用克隆繁殖、差分变异、交叉及克隆选择等操作来对种群进行进化，算法的收敛性通过在进化的过程中加入局部搜索机制得到了有效提高。DICCA 的普适性好，不易陷入局部极值，有较好的全局收敛性和鲁棒性，非常适合求解各种数值最优化问题，先合理构造约束条件和目标函数，由约束边界条件和最优化目标函数，我们通过 DICCA 迭代优化的方式即可求得最优化道路边界的参数 k_1、b_1、k_2、b_2。DICCA 算法首先需要初始化参数，具体参数有交叉概率、种群规模、最大迭代次数、变异概率。DICCA 算法的操作算子有五个：差分变异、差分交叉、克隆增殖、均匀变异、克隆选择[26]。

经过克隆选择操作，得到下一代种群。算法的终止条件设置为：在种群迭代的过程中，当算法最大迭代次数已经被达到，或者连续 4 代的适应度值都比最小迭代的精度更加小时，算法的迭代过程停止，最终聚类结果得以输出，算法终止。整个 DICCA 算法具体流程如图 3-5 所示，本节算法流程如图 3-6 所示。

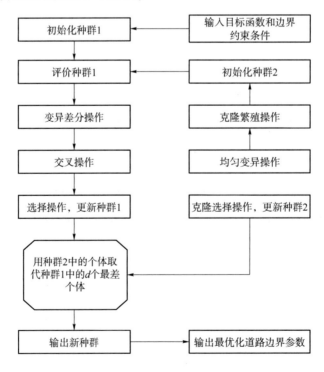

图 3-5 DICCA 迭代寻优算法流程图

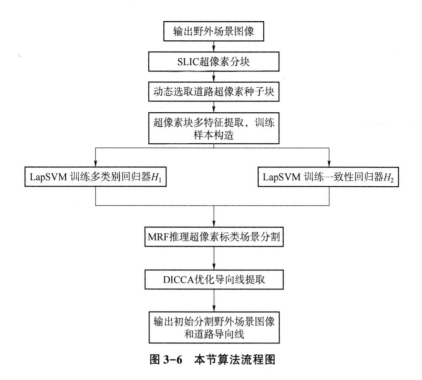

图 3-6　本节算法流程图

3.1.3　算法验证试验与道路导向信息提取应用效果分析

为了验证本节算法对野外复杂场景下非结构化道路边缘检测的有效性和导向线提取的准确性，试验测试了多种典型复杂非结构化道路，并与文献［13］中的算法以及文献［14］和文献［15］中的算法进行识别效果比较，比较算法代码均来源于网络开源资源。采用定量和定性相结合的评价方法对试验结果进行分析评价。

1. 数据库选取和试验方案设计

试验硬件平台是四核 Intel i7 处理器，8.0G 运行内存的 PC 机，以 Matlab R2014a 作为开发工具在 Windows 7 操作系统下进行试验。试验所用非结构化道路图像数据取自 DGC（DARPA Grand Challenge）场景分割数据库和在南京珠山采集的非结构化道路数据库，以及互联网上经过筛选得到的典型复杂非结构化道路图像，将所有试验图像进行尺寸归一化为 640×480 像素。

2. 试验结果评价指标

为了能够对各个算法的道路边缘检测质量进行定量比较，本节采用文献［13］中的衡量标准，用精准度 τ 来评价各算法道路区域分割精度的高低，τ 越小检测精度越低，反之，检测精度越高。

$$\tau = \frac{B_t \cap B_o}{B_t \cup B_o} \tag{3-31}$$

其中，人工标定的道路区域像素集用 B_t 来表示，算法检测出的道路区域像素集用 B_o 来表示。二者的交集，即共同部分用 $B_t \cap B_o$ 来表示，二者并集用 $B_t \cup B_o$ 来表示[2]。

同时，为了定量评价各算法的导向线提取精度，定义了导向精度 τ_2，如式（3-32）所示：

$$\tau_2 = 100\% - \frac{|k_3 - k_3'|}{|k|},\ k = \max(|k_3|, |k_3'|) \tag{3-32}$$

式中，k_3 为人工标注的导向线斜率，k_3' 为算法提取出的导向线斜率。为了使导向精度的结果更加符合人们的认知，对 τ_2 进行数值变换转化为 τ_3，如式（3-33）所示：

$$\tau_3 = 50\% + \frac{\tau_2}{2} \times 100\% \tag{3-33}$$

τ_3 越大，表明导向线提取精度越高。

3. 试验结果

指标权重的合理性直接影响着多属性评价结果的准确性，为了合理选定最优权值 λ_1、λ_2，提高道路边缘检测精度，降低运算复杂度，于是我们对 λ_1、λ_2 进行数值约束：

$$\begin{cases} \lambda_1 \in (0,1) \\ \lambda_2 \in (0,1) \\ \lambda_1 + \lambda_2 = 1 \end{cases} \tag{3-34}$$

如图 3-7 所示，在数据库中随机抽取 20 幅图像，人工标定道路区域和道路边界直线，则由式（3-28）容易求得 μ_1 和 μ_2，通过对 λ_1 在区间 $(0,1)$ 以间隔 0.001 取值循环迭代，$\lambda_2 = 1 - \lambda_1$，使得目标函数 F 取得极小值，记录下对应的 λ_1、λ_2 值进行权值样本的构造。

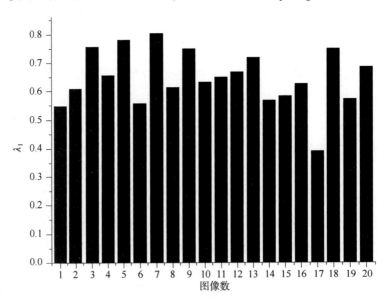

图 3-7　λ_1 样本数据

通过对 λ_1 求均值的方式，我们获得了普适性较好的最优权值 $\begin{cases} \lambda_1 = 0.645 \\ \lambda_2 = 0.355 \end{cases}$。

在试验中定性及定量地对比了文献［13］以及文献［14］和文献［15］中提出的非结构化道路边缘检测算法的检测性能，检测结果如图 3-8、表 3-1~表 3-3 所示。

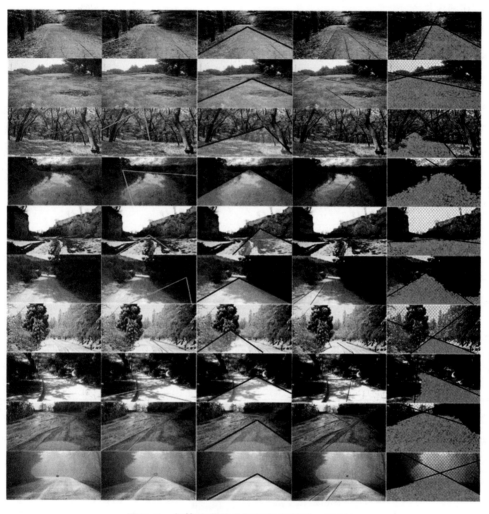

图 3-8　各算法道路分割与导向结果（附彩插）

图 3-8 中第一列为原图和人工标注道路消失点，第二列为文献［14］算法检测效果图，第三列为文献［13］算法检测效果图，第四列为文献［15］算法检测效果图，第五列为本节算法检测效果图。由于文献［13］和文献［14］都是基于像素纹理的消失点检测，依赖对纹理特征的提取，当路面纹理较弱不清晰（如图 3-8 中第 4、10 张图像）或者杂乱（如图 3-8 中 3、5、7、9 图像）的时候检测效果较差；文献［15］在利用非结构化道路训练集进行训练后，对光照、纹理等干扰有较好的鲁棒性，但是，对于形状不规则和场景混乱的非结构化道路识别效果较差，如图 3-8 中第 5、8、9 幅图像所示。本节基于经过初始分割得到

的道路区域再进行道路边缘检测可以有效去除无关干扰，提高算法的运行效率，对道路边界检测的效果也明显要优于其他两种算法，能够有效克服强光、阴影、水迹、雨雪、雾天落叶等外部环境对道路边缘检测的干扰，能够有效检测非结构化道路边缘。但是对于某些形状不规则，有弯道的非结构化道路，本节算法的检测仍然存在较大的局限性，如图 3-8 中第 4、5、9、10 图像所示。

为了降低随机性和偶然性对分割性能评估的影响，从数据库和互联网上选取了总共 100 张非结构化道路图像，利用各算法分别进行道路边缘检测和导向线提取，然后计算道路区域分割精度和导向精度，试验结果如表 3-1 所示。

从表 3-1 我们可以看出，在道路区域分割精度上，本节算法比文献［13］、文献［14］分别约高出 28.1% 和 45.1%，略低于文献［15］的精度；由表 3-2 我们可以发现，在道路导向精度上，本节算法比文献［13］、文献［14］分别约高出 35.5% 和 48.1%，比文献［15］也要高出约 15.5%；由表 3-3 我们可以发现，在算法实时性上，本节算法比文献［13］、文献［14］分别高出 97.8% 和 98.6%，基本能够实现道路的快速处理。

表 3-1　各算法道路区域分割精度 τ

算法	τ 均值/%	τ 最小值/%	τ 最大值/%
文献［13］	61.860 81	47.704 83	96.480 42
文献［14］	54.708 59	35.506 63	95.718 27
文献［15］	91.762 81	81.503 93	99.960 12
本节算法	89.890 81	81.904 83	99.689 67

表 3-2　各算法导向精度 τ_3

算法	τ_3 均值/%	τ_3 最小值/%	τ_3 最大值/%
文献［13］	56.261 82	0.514 23	96.321 43
文献［14］	43.708 59	0.326 43	85.419 37
文献［15］	76.281 65	69.593 14	98.339 63
本节算法	91.792 81	72.625 83	99.798 64

表 3-3　各算法单张图像平均处理时间

算法	文献［13］	文献［14］	文献［15］	本节算法
运行时间/s	28.326 43	43.708 59	0.0352	0.619 37

3.1.4　小　结

试验结果表明，本节算法在野外复杂环境下对非结构化道路的道路区域分割精度总体达到 89.9%，导向精度总体达到了 91.8%，算法处理效率分别提升 97.8% 和 98.6%，综合性能明显优于经典算法，在检测的实时性与精准度问题上实现了平衡，具有较高的道路检测精度和较好的实时性，对道路区域的判定和道路轮廓走向的估计更加符合人眼对道路的直观感知，能够实现对野外非结构化道路精准快速检测，具有极强的应用前景。但是采用的双直线道路边界估计模型较为简单，对于弯道等形状复杂道路识别效果一般，且算法的实时性仍然有待提高。

3.2　基于激光雷达点云数据的可通行区域提取技术

由于现实中三维环境变化很大，三维场景决定了三维数据的形态以及处理方式。根据待感知的三维场景的不同，一般将场景分为三类：结构化场景、半结构化场景和非结构化场景。结构化场景具有明显的人工标记特征，比如室内的墙壁、折角，高速公路的车道线、两侧的矮栏杆、平坦的地面等。半结构化场景也具有人工标记，但是标记不甚明显，如校园区域：地面较平坦，路两侧有路沿。

非结构化场景则没有人工标记的痕迹，比如乡村颠簸起伏的沙石道路，有高草、低矮灌木的草地以及未知复杂地形环境。本节研究的主要是半结构化道路以及重点研究场景中无人工标记特征的非结构化场景的感知理解。

本节主要研究半结构化场景和非结构化场景，重点研究半结构化场景道路可通行区域检测。

3.2.1　场景理解

1. 结构化场景

对于无人车而言，结构化场景分为室内场景和室外结构化道路。室内场景是典型的人工场景，三维特征比较简单，主要以折角、平面为主。在室内场景中，自主移动机器人的主要任务是构建地图和场景分类。为构建出可靠的地图，系统首先将三维检测障碍信息投影到一个二维的栅格地图之中，计算出每个栅格中有障碍物的概率，从里程计和惯导系统中获取无人车每一帧的位姿，通过贝叶斯滤波器将位姿转换后的不同时刻的栅格图累积起来，最终获得一个置信度很高的地图。

相比较而言，室外结构化环境可变性更大，三维数据规模和范围也远大于室内数据。无人车利用三维传感器在室外环境中，任务主要有：路沿检测，动态障碍物检测跟踪，障碍物分类，路中特殊形状障碍物检测，路口检测，同时定位和地图构建等。

路沿是结构化道路中重要的人工标记特征，首先它较为常见，一般的城市道路、校园道路中都能见到；其次，它的三维形态比较简单，能实时提取较为稳定的特征，因此路沿检测常常作为无人车主要导航依据。路沿检测算法一般先是提取三维数据中的特征，然后将这些特征按照先验的几个模型进行拟合，比如直线、抛物线、样条曲线等参数化的道路边界，并采用一定的优化算法对这些模型进行更新，比如卡尔曼滤波器、粒子滤波器和蛇形轮廓等。路沿在单线激光雷达三维数据中形态为三段直角折线，Kodagoda[27]等人通过计算折线间的夹角，当夹角大于阈值时将角点处标记为路沿候选点。在立体视觉传感器获取的三维数据中，路沿显示为两个高度差为厘米的平面交界，Gallo[28]等利用这个特征首先拟合出平面，寻找符合高度差阈值范围的平面交界点作为路沿候选点。Zhao[29]等则使用线激光雷达作为场景感知设备，将获取的三维信息制成高程图，由于路沿两侧地面高度有差别，使用二维图像处理中的算子处理高程图，通过边缘检测获取路沿候选点。

在结构化道路环境中，常常利用一些先验的假设完成对道路的建模，比如道路具有平行的边界，使得道路具有固定宽度；道路形态变化缓慢，曲率较小满足一定的条件；最重要的是假设车体前方在局部范围内的道路是一个二维水平地面。这些假设可以同时简化算法的复杂度并且提高算法的正确检测率，但是同时会有不足。比如先验假设过于理想化，实际道路可能会出现坡度或者其他不可预知的障碍物，导致算法性能下降。

此外，在结构环境下，障碍物的分类识别也比较简便：各类别障碍物往往是形态简单、类间形态差异大，如行人、车辆、路灯杆等，因此对提取三维特征的全面性要求不高。

2. 非结构化场景

非结构化场景与结构化场景差别很大：地面起伏颠簸，结构化场景中平坦地面的假设在非结构化场景中不能成立；路内路边杂乱的灌木草丛等障碍物使得道路形态千奇百怪，此时用结构化场景中描述道路的各类理想化曲线已经不适用，采用可通行区域、不可通行区域的描述更为妥当。考虑到这个原因，Lalonde[30]等通过对区域显著性特征（区域三维点云协方差矩阵的三个特征值）进行分类，将点云分为地面、非地面平面以及散布结构这三类。相似的 Hata[31]等将三维场景数据转换入二维栅格地图，将每个栅格的高度以及与相邻栅格的高度差作为输入，通过人工神经网络进行分类，将栅格分为可通行区域、不可通行区域以及半可通行区域。尽管这种基于样本训练分类的系统在各自场景下测试成功，但存在不足：对于无人车未感知过的区域，系统需要重新采集样本、人工标记并进行分类器训练以适应新环境，这使得系统无法实时运行。根据非结构化场景的特点以及无人车感知系统在场景理解中发挥的作用，可以将非结构化场景大致分为三类：乡村道路环境、野外植被散布环境和未知复杂地形环境，本节重点研究乡村道路环境。

乡村道路环境是一大类无人车常见的非结构化环境。在乡村道路环境下，虽然路面不完全平坦，没有清晰可见的结构化道路边缘的特征，但是路面依然是可辨的。在大多数情况下，乡村道路环境的路面区域是由路两侧的障碍物所限定的。在乡村道路环境中，无人车感知系统最主要的作用是分割路面和非路面区域。传统的路面分割算法是通过相机等二维传感器对路面的形态特征,例如平滑的边缘、路面的颜色、纹理等色彩特征进行分割。由于在乡村道路环境下,路面的颜色、边缘、纹理都可能是变化的,因此 Dahlkamp[32] 等采用车前的小块区域作为路面特征学习区域,通过学习的结果去分割路面,同时不断更新学习的结果以使得车辆在路面变化的情况下分割结果能够自适应。由于光照、阴影对图像分割结果的影响很大,基于二维传感器的路面检测算法在树荫不规则出现且路面色彩变化较大的乡村道路环境下,鲁棒性远没有在结构化环境中高,而利用三维传感器能够克服这些缺陷。

Larson[33] 提出了另一种基于栅格的非结构化道路分割方法。该系统采用线激光雷达作为三维传感器,将三维点云投影至一个二维栅格图中,设定栅格大小与无人车辆轮子大小相似。以一个栅格为中心,计算在一个窗口区域内高程变化的方差,当该方差大于某个阈值时,则判断该栅格是正障碍。该文献还提出了一种基于栅格空白区域属性判断的方法进行负障碍检测,即栅格图中的大段空白处往往预示着负障碍的存在,根据空白周围的栅格高度特性可以分为四种情况:栅格空白周围存在一个大的阶跃高度差,可能存在负障碍;栅格空白周围伴随着一个上升的陡坡,可能存在负障碍;栅格空白周围存在一个小斜坡然后出现大的阶跃高度差,可能存在负障碍;栅格空白周围存在一个正障碍然后出现大的阶跃高度差,不存在负障碍。根据检测精度、计算能力、检测范围等要素的综合考察,乡村道路环境下基于三维数据的道路检测算法可以分为基于栅格和基于图的两种类型。基于栅格的算法稳定性较好,但是检测精度较低,检测范围小,耗费计算存储空间较多;基于图的算法,稳定性较差,但是检测精度高,检测范围大,耗费计算存储空间较少。对于基于图的算法,如何获得更高的检测准确率和稳定性,是乡村道路环境下基于三维数据的路面分割算法的一大挑战。

随着对无人车研究的深入,以及军事和民用对无人车应用范围的扩展,森林、草原等野外植被散布环境成为无人车面对的另一大类重要的非结构化场景。在野外植被散布场景中,可通行区域的分割是无人车最重要的任务。由于场景中存在大量阶跃高度较高的野生草本植物,单纯采用基于三维数据的障碍物检测算法容易将它们均检测为障碍物,造成无人车路径规划的难度增大,甚至无法在该环境中通行。草本植物质地柔软,具备一定越野性能的无人车可以越过,将其看作可通行的区域能大大降低场景中障碍物的数目,对提高无人车在野外植被散布环境中的生存能力有重要的意义。

3.2.2   单一特征区域检测

对于激光雷达道路识别,一些学者进行了相关的研究,熊伟成等[34] 提出了一种利用车载激光点云的空间高层特征提取候选的道路及其边界的方法。方莉娜等[35] 分析扫描线上激光点云的空间分布和统计特征,通过激光雷达数据高层差异得到结构化道路边界,通过点密度差异确定可通行区域。Zhou 等[36] 分析了道路两侧点云的点密度变化,采用小跳跃高度的地面检测方法检测道路边界。

分析前人的工作，区分激光雷达数据中可通行区域的最主要的特征就是高层差异，但是仅仅以高层差异来分析特征较为单一，而且阈值的选取对于不同的环境会有较大的差异。（常见的激光雷达的可通行区域检测算法如路边检测算法，在激光雷达获得的距离数据中检测路边的跳变，由于激光雷达分辨率不高，如果路面过宽，路边距离激光雷达较远，其上的采样点也很稀疏，可能造成路边检测不稳定。）本节采用特征描述的机器学习方法，通过对采集到的激光雷达数据提取其中的道路特征与非道路特征，进而采用SVM分类器进行训练，得到特定的训练模板，对激光雷达数据进行识别，通过研究，这种方法可有效检测道路可通行区域。

如图3-9所示为半结构化校园环境，采用单一高层差特征对无人车周围环境进行识别。在圆周方向均匀划分扇区，对每个扇区内的数据点按照与激光雷达的距离进行排序，然后比较相邻两个数据点的高层差，设定阈值（选择阈值为路沿高度或能够区分道路与非道路的值），当相邻数据点高层差超过这一阈值，以前一点的距离作为截止点，得到如图3-9中右图所示的分析结果。

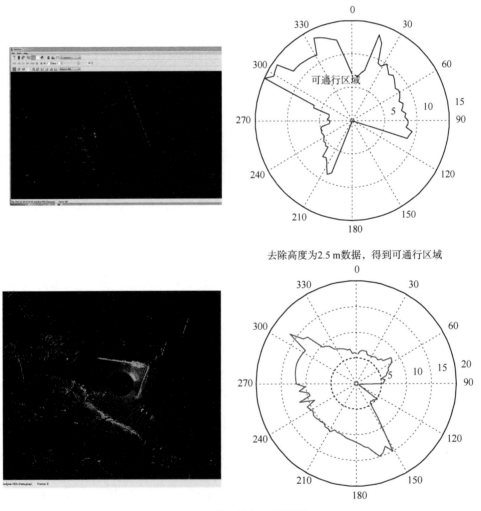

图3-9　单一特征区域检测

由以上两种路况环境检测结果可以看出，仅仅通过高层单一特征进行可通行区域检测，仅仅在 15 m 范围内能够得到较可靠的识别结果，在距离更远一些的地方采样点变得稀疏，高程的变化更加突出，容易将一些道路点检测为障碍物，检测效果较差。

3.2.3 数据扇块化与特征提取

本节中的试验采用 Velodyne HDL-32E 激光雷达，它是 Velodyne 公司生产的专业激光传感器，具有体积小、单位能量密度高、采集数据丰富等特点。32 个激光器组可以实现 +10.67°~−30.67°角度调节，可提供极好的垂直视野，更有持有专利的旋转头设计，水平视野可达 360°。HDL-32E 每秒可输出 700 000 像素，测量范围可达 70 m，一般精度可达 ±2 cm，如图 3-10 所示。

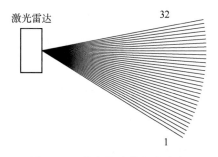

图 3-10 激光雷达激光线分布

1. 基于等效密度的扇块划分

首先要将激光雷达图像栅格化，和普通的图像不同，激光雷达图像是一个个的散点，在圆周方向分布均匀，在径向分布是不均匀的，如图 3-11 所示，激光线在距离激光雷达近处的扫描线更加密集，在较远的地方相邻的激光线的扫描线之间的距离 ΔR 会很大。

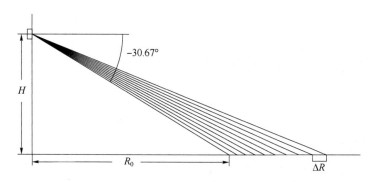

图 3-11 激光雷达数据点径向分布

高度 $H = 2.4$ m 时，如表 3-4 所示为部分激光线扫描地面的径向半径值，在距离激光雷达 40 m 远的地方相邻的激光扫描线之间的距离 ΔR 会达到 10 m 以上，这样就会大大影响检测的准确度。

所以本节根据激光雷达使用的方式采取圆周方向均匀分割，径向变距离分割的扇块进行分析。

扇块划分的具体过程是在圆周方向上分 100 个扇形，在径向按照下面的迭代公式确定半径的值：

$$R' = \tan\left(\arctan\frac{R}{H} + \frac{41 \cdot 34°}{31} \cdot \frac{\pi}{180}\right) \tag{3-35}$$

式中，R' 与 R 为相邻两个圆周的半径，R 为较小的半径，R' 为靠外的半径，H 为激光雷达的安装高度，本节试验过程中的高度为 2.403 3 m。

表 3-4　地面扫描线半径

激光线	R/m	激光线	R/m	激光线	R/m	激光线	R/m	激光线	R/m
1	4.047	6	5.390	11	7.689	16	12.742	21	34.330
2	4.270	7	5.746	12	8.369	17	14.603	22	51.552
3	4.513	8	6.145	13	9.169	18	17.078	…	…
4	4.778	9	6.593	14	10.126	19	20.535		
5	5.069	10	7.104	15	11.291	20	25.712		

按照图 3-12 所示划分扇块可以使道路区域扇块中的点数大致相同，而且都是在一条扫描线上，可以提取另外的点数特征以及距离特征。

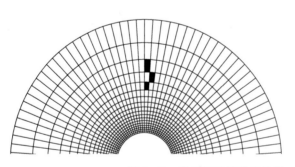

图 3-12　激光雷达图像扇块化

2. 扇块数据点特征提取

按照等效密度的方法进行扇块划分，如图 3-13 所示为一扇块内的数据点。

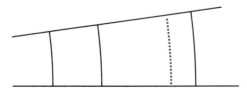

图 3-13　扇块数据点示意图

一个扇块内数据点的个数为 m，每一个数据点为 $P_k(\partial_k, r_k, h_k)$，$k \in [1, m]$，其中 ∂_k 为数据点俯视图的圆周角，r_k 为数据点距离激光雷达的投影距离，h_k 为数据点的高层值。如果扇块内没有数据点，那么首先通过预处理将这些空白扇块提取出来，将有数据点的扇块进行二分类处理，之后再对空白扇块进行邻域关联处理。

高层是反映道路和非道路障碍物的一个重要特征，但是在分析高层的过程中，激光雷达的俯仰会对高层产生很大的影响，肖强[37] 通过分析相邻几个扇块中地面候选种子点的拟合直线来拟合地面参考高度，然后利用扇块中数据点高度值和拟合地面参考高度进行比较，差值大于某一阈值则认为扇块为不可通行的障碍物扇块。第 2 章中已经对激光雷达参数进行了标定，所以这里采用扇块中最高点 MaxHD_C 作为一个扇块特征；另外平均高层 MeanH 作为另一个特征。

对于扇块 C，落入其中的点组成的集合为 $L = \{P = (x_i, y_i, z_i), i = 1, 2, \cdots, n\}$，则该特征的计算公式为：

$$\text{MeanH} = \frac{\sum\limits_{i=1}^{n} z_i}{n} \tag{3-36}$$

$$\text{MaxHD}_C = \max(z_i) - \min(z_j) \quad P_i, P_j \in L \tag{3-37}$$

从激光雷达数据中可以看出，可通行的道路区域中的数据点分布大致在同一高层，到激光雷达的距离也相差不大，所以本节构造的另外两个特征就是高层均方差 σ_H^2 以及投影距离均方差 σ_r^2。

对于扇块 C，落入其中的点组成的集合为 $L = \{P = (x_i, y_i, z_i), i = 1, 2, \cdots, n\}$，距离可以表示为：

$$r_i = \sqrt{x_i^2 + y_i^2} \tag{3-38}$$

距离均值为：

$$\mu_r = \frac{\sum\limits_{i=1}^{n} r_i}{n} \tag{3-39}$$

距离方差为：

$$\sigma_r^2 = \frac{1}{n} \sum_{i=1}^{n} (r_i - \mu_r)^2 \tag{3-40}$$

同理可得高度方差为：

$$\sigma_H^2 = \frac{1}{n} \sum_{i=1}^{n} (z_i - \text{MeanH})^2 \tag{3-41}$$

所以得到特征量距离均方差 σ_r^2 和高层均方差 σ_H^2。

本节共采用 5 个特征来描述数据扇块，构成的特征向量为：

$$\boldsymbol{x} = \left[m, \mathrm{MaxHD_C}, \mathrm{MeanH}, \sigma_H^2, \sigma_r^2 \right] \tag{3-42}$$

3.2.4 基于 SVM 的二分类原理

SVM 是建立在统计学理论基础上的一种机器学习方法，它采用结构风险最小化原则，在最小化样本点误差的同时，最小化结构风险，有效地克服了 BP 神经网络存在的结构确定困难、易陷入局部最优等问题。SVM 具有很强的泛化能力，已经成功应用于样本分类识别、回归分析、时间序列预测等领域。

1. 两类样本线性可分问题

SVM 最初研究的是两类样本的线性可分问题，对于含有两类样本的线性样本集 $\{(\boldsymbol{x}_i, y_i), i = 1, 2, \cdots, l, \boldsymbol{x}_i \in \mathbf{R}^d\}$，$\boldsymbol{x}_i$ 是一个 d 维的向量，l 为样本数目，它满足如下关系：若 $\boldsymbol{x}_i$ 属于第一类样本，则 $y_i = +1$；若 $\boldsymbol{x}_i$ 属于第二类样本，则 $y_i = -1$。

在样本空间中，两类样本的分类面方程可以表示为：

$$f(\boldsymbol{x}) = \boldsymbol{w}^{\mathrm{T}} \boldsymbol{x} + b = 0 \tag{3-43}$$

式中，$\boldsymbol{w}$ 和 $\boldsymbol{b}$ 是确定分类面的参数。

如果分类面能够将两类样本完全分开，则满足如下条件：

$$\begin{cases} f(\boldsymbol{x}_i) = \boldsymbol{w}^{\mathrm{T}} \boldsymbol{x} + b > 0, y_i = +1 \\ f(\boldsymbol{x}_i) = \boldsymbol{w}^{\mathrm{T}} \boldsymbol{x} + b < 0, y_i = -1 \end{cases} \tag{3-44}$$

能够将两类样本正确分开的分类面有许多个，即确定分类面的参数 $\boldsymbol{w}$ 和 $\boldsymbol{b}$ 有许多种取值。很显然，不同的分类面参数优劣程度不同，SVM 采用结构风险最小化的原则，在保证样本能够正确分类的前提下，使分类间隔最大，从而获得最优分类面，使得 $\dfrac{2}{\|\boldsymbol{w}\|}$ 最大，从而转化为在约束条件 $y_i(\boldsymbol{w}^{\mathrm{T}} \boldsymbol{x}_i + b) \geqslant 1$ 下的优化问题：

$$\min \frac{\|\boldsymbol{w}\|^2}{2} \tag{3-45}$$

上述问题求解可以通过 Largrange 对偶理论转化为最大化函数：

$$Q(\boldsymbol{\alpha}) = \left(\sum_{i=1}^{l} \alpha_i - \frac{1}{2} \sum_{i=1}^{l} \sum_{j=1}^{l} \alpha_i \alpha_j y_i y_j (\boldsymbol{x}_i, \boldsymbol{y}_i) \right) \tag{3-46}$$

式中，约束条件为 $\sum_{i=1}^{l} \alpha_i y_i = 0$。

通过二次规划求解得到最优解 $\boldsymbol{\alpha}^* = [\alpha_1^*, \alpha_2^*, \cdots, \alpha_l^*]^{\mathrm{T}}$，进而得到最优分类面的参数

$$\begin{cases} \boldsymbol{w}^* = \sum_{i=1}^{l} \alpha_1^* x_i y_i \\ b^* = -\dfrac{1}{2}(\boldsymbol{x}_r + \boldsymbol{x}_s) \end{cases} \tag{3-47}$$

式中，$\boldsymbol{x}_r$ 和 $\boldsymbol{x}_s$ 为两个类别中的任意一对支持向量。

在最优分类面的基础上，可以得到最优分类函数：

$$f(\boldsymbol{x}) = \mathrm{sgn}\left[\sum_{i=1}^{l} \alpha_i^* y_i(\boldsymbol{x}\boldsymbol{x}_i) + b^* \right] \tag{3-48}$$

由于需要处理的样本往往比较复杂，会存在一定数量的异常样本，容易导致 SVM 无法找到最优超平面。针对这种情况，SVM 引入了松弛变量 ε 和惩罚因子 c，以增强算法的泛化能力和稳定性。

2. 两类样本的线性不可分问题

对于线性不可分问题的分类识别，SVM 的分类原理如图 3-14 所示，SVM 通过使用核函数 $\phi(\boldsymbol{x})$ 对样本进行非线性映射，将线性不可分的样本从低维特征空间映射到高维特征空间，使在高维空间中的样本能够线性可分，然后，再在高维空间内构造最优超平面，实现样本的分类识别。

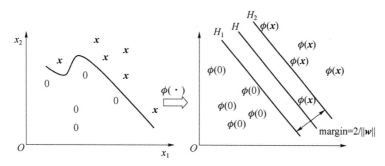

图 3-14　SVM 的分类原理

在高维空间中，得到的最优分类函数为：

$$\sum_{i=1}^{l} \alpha_i^* \left[y_i(\phi(\boldsymbol{x})\phi(\boldsymbol{x}_i)) + b^* \right] \tag{3-49}$$

在求解对偶问题时，需要计算样本点的内积，计算量较大。常用的核函数主要有：

（1）线性核函数：$\phi(\boldsymbol{x}_i, \boldsymbol{x}_j) = \boldsymbol{x}_i \cdot \boldsymbol{x}_j$。

（2）p 阶多项式核函数：$\phi(\boldsymbol{x}_i, \boldsymbol{x}_j) = \left[(\boldsymbol{x}_i \cdot \boldsymbol{x}_j) + 1 \right]^p$。

（3）径向基核函数（RBF）：$\phi(\boldsymbol{x}_i, \boldsymbol{x}_j) = \exp\left(-\dfrac{\| \boldsymbol{x}_i - \boldsymbol{x}_j \|^2}{\sigma^2} \right)$。

（4）多层感知器核函数：$\phi(\boldsymbol{x}_i, \boldsymbol{x}_j) = \tanh\left[v(\boldsymbol{x}_i \cdot \boldsymbol{x}_j) + c \right]$。

3.2.5　可通行区域提取

连通区域标记是一种常用的图像处理方法，它是指图像中对符合某种连通规则（四邻域连通或八邻域连通）的像素用同一种标号标记出来，以提取不同连通区域的特征，被广泛应用于目标识别、形状识别、文本识别等图像处理领域。对图像进行连通区域标记的前提是经过预处理得到二值图像。

在拓扑空间 X 中，若 X 不能表示为两个不相交的非空开集的并集，且对于任意的 A 属于 X、A 不等于 X 或者空集，则 $A^- \cap (X-A)^- \neq \varnothing$。图像中的连通主要是指两像素之间不包含其他不同属性的像素。常用的连通邻接关系有两种，即四邻接与八邻接，四邻接一共包括四个邻接点，即上、下、左、右；八邻接则包括八个邻接点，除了上、下、左、右还包括对角线位置的点。如果像素点 A_1 和像素点 A_2 邻接，则称 A_1 和 A_2 连通，显而易见的是，图像的连通具有传递性，若 A_1 与 A_2 连通，A_2 与 A_3 连通，则 A_1 与 A_3 也连通。

1. 基于连通区域标记的障碍物聚类

由于 32 线激光雷达获取的激光点是稀疏离散分布的，获取了环境中的障碍物以后，环境中的障碍物体（包括正障碍物、负障碍物、道路边缘、水体等）被分割为大大小小的扇块，不利于障碍物分类以及动态目标的跟踪等应用。同时，由于激光雷达各激光扫描线之间的距离相对较大，同一物体可能被多条激光扫描线覆盖并被判别为障碍扇块，然而该物体位于激光线间的扇块由于没有激光点则被判别为未知状态区域，这种障碍物不连续的情况可能对路径规划产生误导。因此，有必要对离散障碍物扇块进行聚类分析。

基于 3.2.3 节方法对激光雷达数据处理以后，可以获取表征车辆周围局部环境状态的极坐标扇块地图，每一个扇块都由一个标签表示其通过性状态，可通行地面扇块由一种标签表示，未知状态由一种标签表示，正障碍物扇块、负障碍物扇块、道路扇块、水体区域扇块等障碍则分别由一种标签表示。为了方便处理，首先将正障碍物扇块、负障碍物扇块、道路边缘扇块、水体区域扇块统一为障碍扇块，采用一个相同的标签表示。因此，扇块地图一共有三种状态：可通行地面扇块、障碍扇块以及未知状态扇块。

可以通过图像处理领域的连通区域标记方法进行障碍物聚类。连通区域标记法输入为直角坐标栅格，而本节获取的栅格地图是极坐标扇块地图，因此需要将极坐标扇块地图转化为直角坐标栅格地图。另外，连通区域标记方法的输入为二值图像，像素点只包括 0 和 255 两种亮度，然而极坐标扇块地图除了包括地面扇块、障碍扇块外，还有未知状态扇块。通常，属于同一个物体的激光点，是围绕在物体中心分布的，具有一定的连续性，因此，可以把未知状态扇块当作一种过渡状态。遍历扇块地图，若当前扇块为障碍扇块，则在它的上下左右四个方向搜索，若在这范围内搜索到障碍扇块，则该扇块与当前扇块之间的未知状态扇块标记为扩展障碍扇块。依次遍历直角坐标扇块地图的每一个扇块进行上述操作，即可完成障碍物聚类。

本节主要目的是得到无人车安全同行的可通行区域，所以把障碍物扇块都标记为影响通行的区域，只针对可通行的道路区域进行可通行区域的提取。

2. 可通行区域提取

可通行区域提取主要针对局部环境，为局部路径规划算法提供可通行通道信息。可通行区域提取可以分为两类：①采用激光雷达感知数据，基于障碍物检测及地面分割方法实现可通行区域的提取；②另一种方法是利用视觉图像信息，提取道路或车道标记（如车道线、路沿等），产生道路可通行区域。本节讨论的主要是第一种方式。

同样地，由于 32 线激光雷达获取各激光扫描线之间距离较大，利用极坐标提取了环境中地面扇块以后，可通行的地面扇块间往往存在着由于没有激光测量点而状态未知的扇块。在基于二维单线激光雷达的地图创建应用中，通常基于雷达反式传感器模型和光线追踪（Ray Tracing）的方法对地图中各扇块的状态进行更新，激光束终点投影对应的扇块被认为是障碍扇块，并考虑传感器测量误差赋予一个较高的占据概率值；激光雷达与激光束终点之间的扇块则经过光线追踪（以激光测量距离为最大值，以一定距离为步长沿激光束方向进行采样，计算每一个采样点所在的扇块位置）采样得到，这些扇块由于激光束可以击穿并通过被认为是没有障碍物的自由区域，且考虑传感器测量误差赋予一个较低的占据概率值；对于激光束方向上与激光源距离超过激光测量距离或者激光雷达最大测量距离的扇块，由于激光束并未对这些扇块进行探索，因此被认为是未知的状态。为了地面无人车辆行驶安全，通常把这些未知区域也认为是危险而不可通行的。对于本节基于 32 线激光雷达进行可通行区域检测的情况，如果把没有测量点的未知状态扇块均认为是危险区域而不可通行，将极大影响地面无人车辆的通过性。

可通行区域连通原则：

（1）由于激光雷达数据的特殊性，可通行区域扩展并不像图像处理一样可以四连通扩展或是八连通扩展，只能够在每一个扇区内进行。

（2）对扇区内扇块的检测结果进行分析，如果两地面扇块之间都是空白扇块，则可以将这些空白扇块标记为地面区域。

（3）最终将环境检测结果表示为相对于无人车的极坐标表示。

由于环境检测最重要的就是确定可通行区域，图 3-15 所示为通过多分类 SVM 得到的识别结果示意图，其中绿色区域为识别结果为地面的扇块，红色区域表示识别结果为障碍物的扇块，其中包括正障碍、负障碍以及水体障碍。空白的扇块表示其中没有数据点，提前通过预处理就能够提取得到。图 3-16 表示相对上图的检测结果经进一步可通行区域扩展得到的分析结果示意图。

图 3-15　极坐标扇块地图识别结果（附彩插）

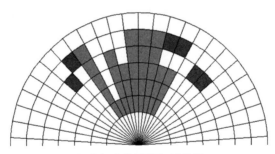

图 3-16 极坐标扇块地图区域扩展（附彩插）

图 3-17 和图 3-18 所示为对无人车环境检测的识别结果进行可通行区域扩展处理，识别结果 1 为校园内的道路环境检测结果，可以比较明显地看到路边界分界线，以及路上的车子障碍物，而且可以通过识别结果进一步规划无人车的行驶路线以及行驶策略。识别结果 2 为野外复杂地形的检测结果，道路左侧有一深沟，深沟左侧是一墙面，道路右侧为灌木障

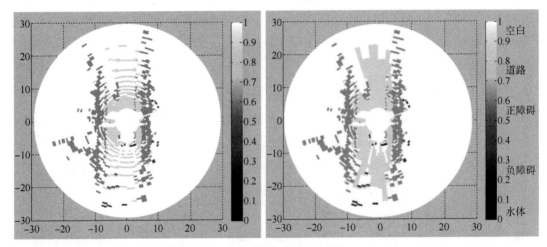

图 3-17 区域扩展识别结果 1

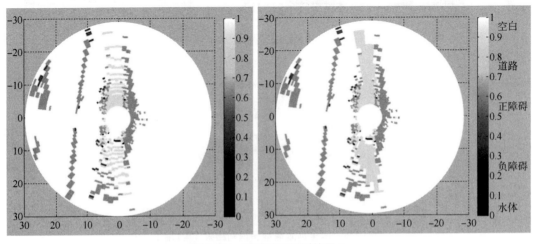

图 3-18 区域扩展识别结果 2

碍，道路边界比较粗糙，道路比较窄，对无人车行驶以及规划提供了很好的依据。

3.2.6　算法验证试验与可通行区域提取应用效果分析

试验过程中将激光雷达固定在汽车的顶端，激光雷达中心距离地面约 2.4 m，如图 3-19 所示，激光雷达水平安装，由于激光雷达的测量角度为 +10.67° ~ 30.67°，所以激光雷达采集数据会有一个盲区，盲区的半径为：

$$R_0 = H/\tan 30.67° = 2.4/\tan 30.67° = 4.047(\text{m})$$

另外，在试验过程中，由于激光雷达安装位置的原因，部分的雷达数据会被车架以及车身挡住，所以测量的结果在车子左右以及车后并不准确，对于车子正前方的测量结果是可靠的。

经过计算，激光雷达安装在车上测量数据会有盲区，默认在距离激光雷达水平距离 4.047 m 的范围内没有影响车辆通行的障碍物，所以可以提前对激光雷达数据进行预处理，去除距离小于 4.047 m 的数据。另外，在距离大于 40 m 范围的数据点会非常稀疏，分辨率很低，得到的结果参考价值不大，所以采用小于 40 m 范围的激光雷达数据；但是本节试验主要分析可通行道路区域，所以对于不影响车辆通行的高处障碍物可以剔除。

图 3-19　试验平台与激光雷达

另外，对激光雷达数据进行扇块化之后会有很多扇块中并没有数据点，因而不能肯定地判断这些扇块是否属于可通行区域，所以首先要对这些空白扇块进行提取，然后标记为灰色，进而对有数据点的扇块进行判断，之后综合采用基于邻域扇块属性的区域扩展方法进行进一步判断，确定最终可通行区域。

激光雷达没有成熟的训练集，通过试验以及参加国内无人车比赛过程中采取大量的数据，对数据进行预处理，构造训练集，对训练样本进行特征提取，将提取的特征以及定义的标签输入 SVM 分类器进行训练，构造 SVM 分类器。对测试样本进行同样的处理，输入 SVM 分类器中，根据识别结果判断该位置是否为道路区域。

通过 SVM 训练得到激光一帧图像的处理结果，如图 3-20 所示，其中白色区域为可通行区域，黑色区域为不可通行区域，灰色的为空白扇块区域。

基于邻域扇块属性的区域扩展方法就是对没有数据点的空白扇块进一步划分，如果空白扇块的前后扇块都是可通行的道路区域，那么可以将空白的扇块划分为可通行的区域；如果前后扇块有非可通行区域或同样是空白区域的情况，就将空白扇块划分为不可通行区域。进一步处理结果如图 3-20 所示。

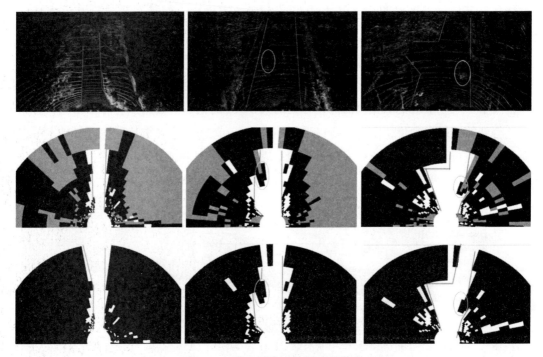

图 3-20　激光雷达图像与识别结果

图 3-20 左图为一条比较窄的道路，通过分析可以检测到可通行的道路区域；图 3-20 中间图在无人车前方靠左的地方有一明显的汽车障碍物，得到的测试结果中也可以将这一障碍物检测出来；图 3-20 右图无人车前方左侧有一分岔路口，右侧有一障碍物，通过分析可以检测到前方左侧的路面变宽，靠右的地方的障碍物以及道路边界也能够明显识别。

对于地面分割的各种方法，它们的消耗时间不同，基于扇块高度差方法和直线拟合以及高度差融合方法，其消耗时间最小，对于每帧激光雷达数据消耗时间为 30 ms，但是单阈值的检测方法对于阈值选取比较困难；对于机器学习方法，检测时间比较长，本节中的基于 SVM 的道路检测方法，其耗时约为 200 ms，每秒能够处理 4~5 帧的点云数据。表 3-4 所示为激光雷达扫描线径向距离，在距离较远的地方分辨率低，在 30 m 距离之后的数据可靠性较差，30 m 的测试距离可以满足无人车行驶要求。

采用准确率评价方法，是为了识别正确的道路扇块数量与所有划分的扇块数量的比值。对于校园道路，基于高度差检测方法检测到的道路准确率能够达到 85%～90%，本节中的检测方法检测校园三种路况道路可通行区域的准确率可分别达到 98.3%、97.8%以及 97.9%，能够有效检测道路可通行区域，对于无人车路径规划以及安全行驶能够提供比较准确的信息。

3.2.7　小　结

相对于规则的结构化道路，半结构化场景也具有人工标记，但是标记不甚明显，如校园区域，这类环境的特点就是地面较平坦，路两侧有路沿。障碍物的分类识别也比较简便：各类别障碍物往往是形态简单、类间形态差异大，如行人、车辆、路灯杆等，因此识别比较简单，采用点数、高层以及距离等参数构造特征向量就可以对道路和非道路区域进行描述。

本节通过分析激光雷达工作原理以及数据点的分布情况，提出一种基于等效密度的扇块划分方法，对划分的扇块中的数据点进行特征提取，采用多特征融合的方式对扇块属性进行判别，最终得到可通行区域以满足无人车的行进需求。但是越野环境情况下无人车的运行会有更多的问题，包括负障碍、水坑、陡坡、路面颠簸等都会使环境变得更加复杂、更加特殊，处理方法需要进一步的研究。

3.3　基于深度立体视觉的环境分割技术

地形识别和场景分割能力对于多足机器人进行野外地形越障起到至关重要的作用。机器人在进行越障的时候，准确地识别场景的地形类别是其可以稳定高效越障的保证。本章前两节分别是利用视觉图像和激光雷达点云的特征进行环境感知，本节主要是采用立体匹配方法对立体视觉相机获得的图像对计算出视差图，再转化为密集点云，最终对点云进行特征分析和处理，从而使得无人装备获得环境的三维感知与分割。本节采用文献［38］、［39］的思路和方法，将其应用于野外复杂点云，并利用随机森林分类的方法，建立了多足机器人越障的点云语义地图。具体来说，先进行点云预剔除，筛选出多足机器人可行走的广大规则连通区域，考虑到剩余点云的杂乱无序性，结合聚类的思想，采用点云聚类准则以分割剩余场景点云。最后引入随机森林分类器将场景点云分割成不同类别，避免了对每点语义进行推断而过度耗时，提高了点云分割方法的高效和轻量性。

3.3.1　野外多足机器人的可通行区域选择

场景目标区域的可通过性取决于机器人的基本结构和尺寸。我们的研究对象是一个大型四足轮腿复合型机器人，可以实现爬坡、越坑、越壕、涉水等复杂动作。它的前腿髋关节具有两个自由度，可以操控腿部完成竖直面的升起和降低的动作，以及水平面的外展和内收的动作，足端装有前轮作为驱动轮，在非作业状态下，驱动机器人在平地行驶。后腿的髋关节与前腿一样，具有两个自由度，足端也装有后轮作为从动轮。另外，足端装有一个移动关节，为一个可伸长的伸缩缸结构，可以将机器人支撑起来，协助机器人完成爬坡、越沟等动作。此外，机器人前段的挖斗可作为机器人的第五足，在爬坡阶段，可以将其与地面的反作用力作为向前的驱动力推动机器人运动，在越障阶段，也可以动态地支撑着机身，将其抬过沟的上方，等机器人的机身越过沟后，再将其收回，继续下一个步态运动。

大型多足机器人的可通行区域选择其实就是机器人导航任务，根据视觉传感器获取的点云数据对前方场景进行快速语义分割，为多足机器人的运动和作业提供实时指导，对其来说语义分割结果直接影响了多足机器人对周边环境的感知情况。从图 3-21 中可以看出，不同于室内小型机器人的导航问题和室外无人车导航问题，它们都是从前方环境中筛选出平整的路面，以达到安全、自主运动的目的，而在多足机器人一般运作的野外环境中，平整的路面占比不大，并且由于多足机器人尺度大、稳定性强的因素，对于地面的平坦程度要求不高，一些含有小凸起和凹坑的地面对于它来说仍然可以被视为平面。加之多足机器人本身的结构复杂，环境适应力强，可以完成越壕沟、越凹坑、爬陡坡、涉水等无人车无法完成的动作，因此其可通行区域选择比无人车、室内小型机器人要复杂，但是选择性较高。所以我们需要做的就是可以在前方环境中，分割出满足多足机器人可以安全自主运动的区域，以保证其后续作业的安全性。

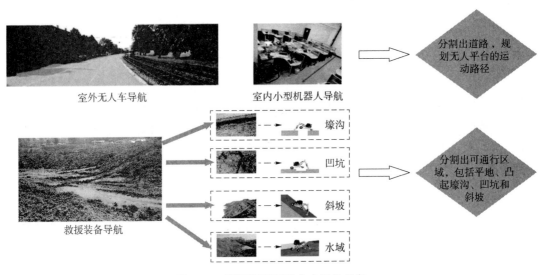

图 3-21　不同场景下的自主导航任务

足式无人装备因其独特的足状结构以及自身尺寸，所以具有更好的环境适应能力和较强的爬坡越障能力，使得野外场景中的一些障碍变为可通行区域，足式机器人的局部导航和落足点的选取主要依赖对地形的认知建模。对地形的认知包括其几何信息、崎岖程度、高度及可落足区域面积[40]。野外足式机器人的可通行区域必须满足足端的落点面积，不可以是很窄的区域，需要宽于机器人的尺寸，机器人的爬坡角度也不能超过最大安全角度，不然无法通行，机器人的越沟宽度不能长于最大越沟距离，机器人涉水越障时，先采用伸机械腿试探的方式，若机械腿可以触碰到水底，并且装备可以保持稳定，即可继续通行。当机器人的前方地形不满足上述情况，机器人会选择避开前方地形，寻找下一处可通行地形，多足机器人由于其自身结构尺寸的特点，加之其独特的强大越障能力，在野外救援和军事侦察中不可替代。

场景区域可通过性的判定可根据收集的场景点云坐标进行定性计算判断。对于凸起，选择最低点和最高点计算点云的竖直距离；对于斜坡，根据计算范围内点云拟合平面的法向量判断是否满足最低爬坡要求；对于凹坑和壕沟，根据计算近点边缘和远点边缘点云的水平距离判断是否满足跨越要求。根据我们研究对象的基本尺寸，图 3-22 展示了对其可通行区域的判定，可通行区域的判定取决于不同装备的基本参数和尺寸。

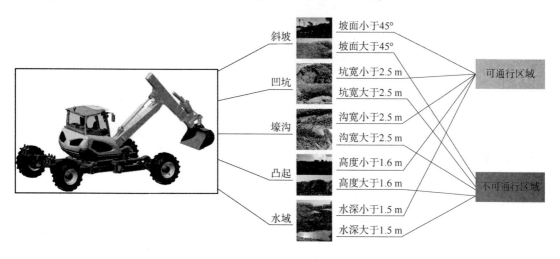

图 3-22　多足机器人可通行区域的判定

对于多足机器人来说，不同尺寸的相同地形可能被划分为可通行和不可通行区域，在多足机器人的导航规划中，准确对地形进行定量尺度计算，准确对地形点云进行三维语义分割，将满足机器人运动条件的地形归为可通行区域是重要的挑战，如何快速精准地对地形进行分类也是研究重点。

3.3.2　密集点云获取方法

先对两个相机获得的左右视图进行图像矫正获得矫正后的图像对，然后通过对矫正后的图像对中对应点的视差计算，获取前方场景的视差图，接着通过几何关系转换获得场景的深度图，再通过相机的内外参数和三角测量原理重建出场景的点云，从而获取场景的三维几何信息[41]，进而指导机器人的下一步导航规划。

在获取稳健的视差图后，需要通过三角测量原理将其转换为点云，并且需要通过先前相机标定获取的相机内参和外参作为主要参数进行计算。我们利用 VS2019 和 OpenCV 4.1.0，将获得的视差图作为输入图像，将基线长度 B，相机焦距 f，左视图像主点 x_{0l}、左视图像主点 y_{0l}、右视图像主点 x_{0r} 作为输入参数，通过公式三角测量原理，输出包含点云的 txt 文件，并且用 CloudCompare v2.11 软件进行点云可视化，图 3-23 展示了通过立体视觉的方法获得点云的过程。

（a）　　　　　　（b）　　　　　　（c）　　　　　　（d）

图 3-23　立体视觉获取点云流程

图 3-23（a）、图 3-23（b）分别为通过双目相机获得的左视图和右视图，图 3-23（c）为视差图，图 3-23（d）为视差图转化成的点云。

3.3.3　语义地图分割方法

我们采用文献［38］、［39］的双尺度体素聚类的思路，并利用随机森林分类的方法，分割出不同的地形类别，整体流程图如图 3-24 所示，包含 3 个部分，首先针对原始点云的规则化平面类地形进行剔除，见蓝色虚线框，通过对平面类地形进行剔除后，可以预分割出特征单一、简单的地形，筛选出广大的连通区域；然后介绍的是聚集聚类，在小尺度上我们利用浅层特征进行体素化聚类（VOC），在大尺度上利用深层特征进行超体化聚类（SVOC）；最后利用训练的随机森林分类器学习预定类别的多个特征，获得最终的场景点云分割效果。

具体来说，先利用基于规则的方法剔除平面类地形，基于规则的方法促进了简单的大型连续平面结构的预先分割，再对剩余的更加复杂的点云进行深层特征的挖掘和提取，然后利用双尺度聚类处理框架，考虑到小尺度上提取的特征由于空间尺度极小，所以特征十分局限，在大场景环境下若仅用小尺度特征进行场景分割显得十分无力且耗时，因此提取小尺度聚类的局部点云特征并融合成大尺度聚类点云特征，利用随机森林分类器

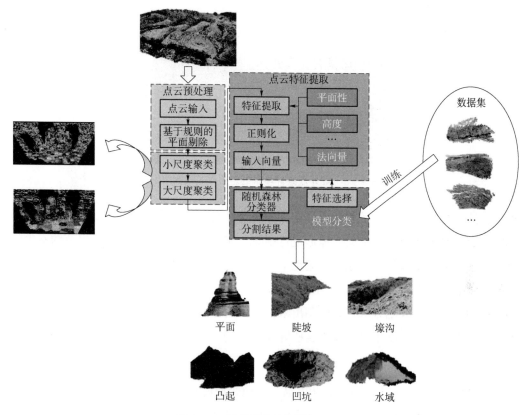

图 3-24　算法整体流程图（附彩插）

对先前特征聚合的场景分割成预定地形类别，进而对移动机器人导航起到指导作用。最后在点云数据集上进行试验，并且与决策树、最大似然和支持向量机分类法进行对比试验，随机森林分类可以取得最佳效果，将来可以应用在多足机器人等大型工程装备的野外实时运动场景中。

1. 基于改进 RANSAC 算法的平面类地形预分割方法

1）野外地面特点分析

多足机器人凭借其强大的环境适应性使得其可运动区域选择范围广，但是带来的问题就是环境分割任务比较重。考虑对特征单一、简单的地形先进行预分割，包括平地和斜坡，先筛选出广大的连通区域，同时也是作业过程中的最安全区域，如图 3-25 所示。

野外环境的平地不同于城市人造道路，很少存在绝对平整的地面，图 3-25 中的红色区域以及橘色区域都可视作平地，绿色区域是具有一定坡度的斜坡，斜坡根据其拟合平面的法向量大小分为缓坡和陡坡，根据不同的工况以及多足机器人不同运动方式，区分缓陡坡的阈值不尽相同。在机器人运动时，平地和缓坡可分为一类，属于可通行区域，而陡坡属于另外一类，属于不可通行区域。图 3-25 是在野外环境下随机拍摄的一幅图片，可以看出平地和斜坡在一般的野外环境中占据了大部分场景面积，占比为 50% ~ 75%，所以在收集到的点云

图 3-25　野外复杂环境下的地形结构（附彩插）

数据中，这类数据占据最大，因此考虑在进行双重尺度分割之前，先利用基于规则的分割对简单的大面积平地和斜坡等平面类地形进行剔除，筛选出广大的连通区，可以节约不少的计算时间，进而大幅度降低计算成本，避免不必要的占用资源。而后对于夹杂在广大连通区域之间的复杂地形，如壕沟、凹坑、凸起等复杂障碍物，占据 30% 左右的点云数据，采用基于多特征随机森林的分割方法将其分割出来，其余更复杂的部分点云可不予处理，归于未知类型，机器人在自主运动中自动剔除这些区域。

2）随机抽样一致算法（RANSAC）

传统 RANSAC 算法[42]的基本思想是从一组包含离群点的数据中计算出可以表示数据最佳分布的数学模型，可以针对二维平面中的点拟合出最佳直线，也可以针对三维空间中的点拟合出最佳平面。算法的核心是利用假设性和随机性抽取数据进行拟合计算，找到评分最高的模型作为最终模型。

算法的参数选择主要包括迭代次数 k、随机选取点均为局内点的概率 p 和单次选取点为局内点的概率 w。

$$w = \frac{m}{M} \tag{3-50}$$

式中，m 为局内点的数目，M 为整个点云场景数据集的数目。

假设估计模型最低需要 n 个点，通过计算可得到如下等式：

$$1 - p = (1 - w^n)^k \tag{3-51}$$

通过对式（3-51）取对数，可得：

$$k = \frac{\ln(1 - p)}{\ln(1 - w^n)} \tag{3-52}$$

在城市道路中，地面剔除较容易实现[43]，选取了 Semantic3D 城市点云数据集中的 2 组数据进行可视化，如图 3-26 所示。因为所有的树木、建筑物、路灯等都是位于地面之上的，可以利用 RANSAC 算法拟合出地面部分点云后并进行剔除，如图 3-27 所示，红点即为拟合的地面点。

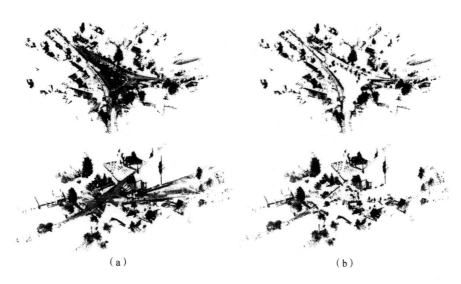

（a）　　　　　　　　　　　　　　（b）

图 3-26　城市原始点云和进行地面剔除后的点云

（a）城市原始点云；（b）进行地面剔除后的点云

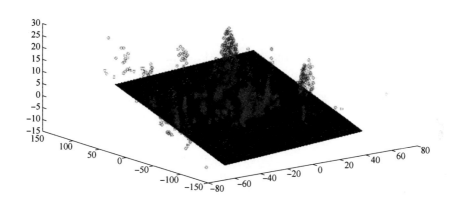

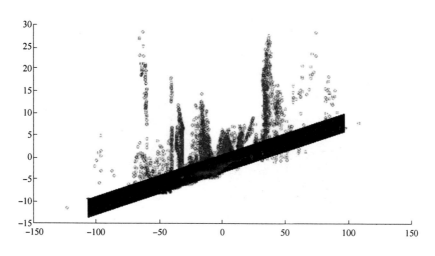

图 3-27　RANSAC 算法拟合平面（附彩插）

3) 对 RANSAC 算法的改进

在野外环境中，存在凹坑、壕沟、凸起等地形，并且由于大量陡坡的存在导致平地不一定是最低面，地形比较复杂，不能采用针对城市道路剔除的方法。在野外环境中，在拟合平面这一需求上，平面的凹凸点是有效数据，但对所需平面来说有一定的偏移。而大的凹凸，比如地面上的凸起、地面的深坑，这些都是偏移量过大的无效数据。由于野外场景的点云数据量巨大，为了保证算法的快速性和实时性，在不丢失特征的前提下，先对点云进行简单的随机下采样，将数量减少至 0.1% 左右。

采用 RANSAC 并加以改进，第一步，将原始点云分割成 10 m×10 m 的区域，再将每个 10 m×10 m 的区域分割成 0.25 m×0.25 m 的子区域，如图 3-28 所示；第二步，随机从原始点云中选取三个点构成一个平面，计算剩余点到该平面的距离，如果小于阈值 $h_{th} = 0.025$ m 且平面上的点都处在相邻的子区域中，则认为是处在同一平面的点；第三步，如果处在同一个平面的点超过 n 个（n 与区域有关），就保存这个平面，而且由于野外平面存在凹凸点，因此将距离拟合平面 $h_{road} = \pm 0.1$ m 范围内的点加入 P_{road} 中，并将 P_{road} 标记为已匹配。第四步，对剩余点继续第二~三步的算法，继续寻找下一个平面，终止的条件是迭代 N 次后找到的平面小于 n 个点，或者找不到三个未标记的点。由于场景中的平面不是唯一的，每个平面处的点云密度也是不均匀的，如果阈值是一个定值，则点云密度较高处的平面拟合就比较困难，所以利用域自适应，对于平面点云密度较小处，n 只需满足较小值即可认定为平面，对于斜面点云密度较大处，n 需要满足较大值可认定为平面。根据获得下采样后的常规点云数量，以及平面所占的百分比来看，平面的点云数量为千至万级。因此，n 的取值如式（3-53）所示：

$$n = \kappa \frac{P_{total}}{N_{area}} \tag{3-53}$$

式中，κ 为地形系数，根据实际场景的地形情况确定，P_{total} 为第三步的平面中点所在的子区域中所有点的总和，N_{area} 为子区域的个数。

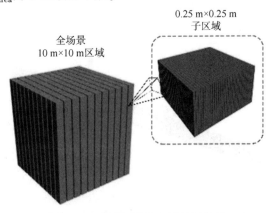

图 3-28　野外场景的区域分割处理

2. 双尺度特征聚类方法研究

基于规则的平面剔除完成后，需要对剩余的凹坑、壕沟、凸起等地形的点云进行深层特征的挖掘和提取，并对其进行分类。基于此，利用双重尺度分割框架：小尺度上利用浅层特征进行体素化聚类（VOC），大尺度上利用深层特征进行超体化聚类（SVOC）[44]。

1）体素化聚集聚类（VOC）

体素化聚类是根据预先设定的距离阈值，将满足条件的点云加入种子簇中，直到没有点满足条件为止，然后再选取另外一个新的种子点，直到原始点云集全部聚类完毕。

该算法关键在于寻点的过程，如果只是对于杂乱无序的点云[45]，通过遍历来寻找满足条件的聚类点，场景点云即使是稀疏点云，运行时间也会非常长。因此要对原始点云进行体素化处理，体素化的单元尺度取 0.25 m。如图 3-29 所示，并在体素化处理过程中利用了空间邻域扩展理论[46]。对于已经体素化后的点云，每个体素都具有索引号，对于初始种子（图 3-29 中的绿点），其所在体素中的点聚类完毕后，仍然不满足要求的，先对其六邻域体素内的点（图 3-29 中的蓝点）再进行条件筛选，若仍然不满足要求，继续对其二十六邻域体素内的点（图 3-29 中的红点）进行条件筛选。

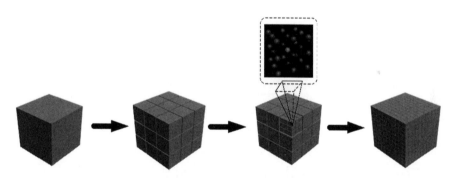

图 3-29　体素化过程图（附彩插）

2）超体化聚集聚类（SVOC）

大场景下三维点云数据量巨大，仅通过小尺度聚类后点的数量仍然十分巨大，而且小尺度聚类的规则仅根据距离阈值，我们知道的只是它的位置分布信息，并不知道这些小尺度聚类属于什么地形，基于特征的语义分割所知道的特征信息太匮乏。所以在小尺度类的基础上利用超体素化合并的思想，将那些彼此靠近、平面性相近的小尺度类合并成大尺度的超体化聚类（SVOC）[39]，即满足超体化聚类的距离准则和平面性准则，从而其特征信息更加丰富和明显，然后将其作为基本单元来进行后续的场景分割工作。其基本算法流程图如图 3-30所示。

我们获取的超体化聚类是大尺度的，但是在场景中仍是比较小的一部分，对于一个房屋来说，可能包含几个超体化聚类，包括屋顶、墙壁、窗户等。对于一个凹坑来说，可能包含

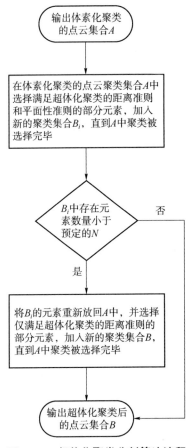

图 3-30　超体化聚类分割算法流程

底面、侧面和最上方坑口平面。这些基本的点云组成部分，会在后续作为基本的点云特征，通过特征融合后送入随机森林分类器，分割成预定类别的几个地形特征。

3. 随机森林分类器

1）三维点云预定特征

超体化聚类完成后，根据体素化和超体化中具有真实物理意义的特征，采用了几种快速常见的物理度量作为特征[38]。特征的定义及解释如表 3-5 所示。

表 3-5　用于将超体化聚类分类为预定义类别的特征

特征	解释
小尺度聚类的局部平面性	小尺度聚类的法向量与其中各点平均法向量之间的夹角
小尺度聚类的邻域平面性	各个小尺度聚类邻域内局部平面性的均值
小尺度聚类的高度特征	各个小尺度聚类到最低点的距离，一些高坡的高度必然大于一些凹坑，以此来进行分类

特征	解释
小尺度聚类的法向量	这里假设所有表面的法向量都是朝上的，每个小聚类相对水平面都有一个朝向
大尺度聚类的平面性	大尺度聚类是小尺度聚类的扩展，可由小尺度聚类的邻域平面性的均值来表示
大尺度聚类的体积特征	可用包围大尺度聚类的边界框体积来表示，可以区别不同尺度的物体
大尺度聚类的高度特征	这里选择相对高度，因为绝对高度在野外场景下意义不大，不是所有的目标都是跟地面相连的，选择相对高度可以更好地区分出来一些复杂障碍物
大尺度聚类的面积特征	大尺度聚类在地面的投影区域面积，可以近似地用来区分小土块和大山坡
大尺度聚类密度	点云密度

2）随机森林方法的原理

决策树[47]由于其预测的单一性，在进行数据拟合的时候会产生过拟合的现象，可能只会产生单一记忆数据的情况，机器人导航任务可能只能在先前的场景下完成，无法进行新场景的预测分割，因而无法满足要求。为了提高分类器的泛化性和环境适应性，满足识别未知野外场景的需求，选择了多特征随机森林分类器[48]，将多个决策树并行连接，输出所有决策树的平均预测值。不同于决策树，随机森林不采用信息增益或者基尼指数来选择特征，而且利用随机的特性寻找根节点，非常稳定，错误率小。随机森林在构建的过程中有两次随机化的过程，第一是每棵树的样本是通过 Bootstrap 抽样随机抽取的，第二是每棵树的构建过程不进行任何剪枝操作，每个内部结点分裂也是随机选取特征子集。可以使得随机森林具有较高的整体分类准确率，也就使随机森林能够高效地识别野外环境中的可通过区域和障碍区域。随机森林作为一种组合分类器，其泛化能力较强[49]，可以准确地根据先前提取的点云特征将场景分为预定的地形类别，高效地区别出场景中的可通行区域和障碍区域，使得大型机器人可以安全稳定地前进和作业。图 3-31 展示了随机森林分类器的基本原理。

x 是随机森林分类器的输入样本，由此生成了决策树 1、决策树 2、$\cdots$、决策树 B，相应输出为 x，最后根据多数表决的原理，得到最终的标签 k。

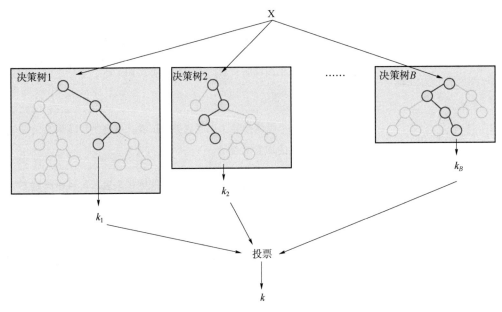

图 3-31 随机森林分类器的基本原理

3.3.4 算法验证试验与环境分割应用效果分析

为了验证提出的方法的合理性和准确评价提出方法的性能，拟采用野外点云数据集，由于现在公开的三维点云的数据集都是基于城镇规则化环境，以及室内物体的点云，野外点云数据集尚未有公开的数据集，因此为了训练我们的分类器，构建了野外点云数据集。

1. 数据集介绍

1）野外深度相机点云数据集

3D 点云数据集近年来层出不穷，可是大多数是针对室内物体和城市场景的[50]，如 NYU 数据集[51]，不到 200 万个标记点，对于户外大场景的数据集较少；Semantic3D 数据集[52]，虽然包含了城镇、乡村环境，但是没有野外的场景部分。因此利用多足救援机器人前方车厢上搭载的双目立体视觉相机收集了野外的前方小范围 RGB 点云数据，并对此进行了语义标注，包含地面真值图和原始点云图，以此作为我们的数据集。数据集包含 12 个野外场景点云数据，其中 6 个作为训练集，6 个作为验证集，包含平地（含缓坡）、陡坡、凹坑、凸起、壕沟这 5 个场景类别，符合野外无人装备作业环境的实际场景需求。图 3-32 展示了获得的点云以及三角化后重建出的真实场景。在研究中只利用第二步获得的稀疏点云和第三步获得的稠密点云，对点云进行语义分割即可满足要求，后续的三维重建过程可作为机器人周围实景地图的创建过程研究。

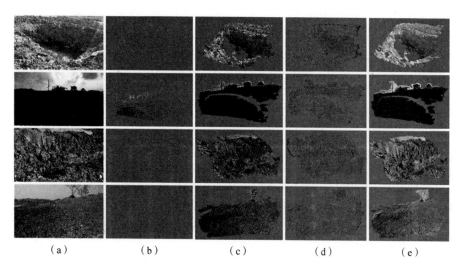

|（a）|（b）|（c）|（d）|（e）|

图 3-32 深度相机点云数据集的可视化与重建效果

（a）原图；（b）稀疏点云；（c）稠密点云；（d）三角形网格；（e）稠密重建

2）野外激光雷达点云数据集

鉴于利用双目立体视觉相机的深度限制，其重建获取的点云只是在前方近景处比较密集，在远处非常稀疏且基本不存在，因此在多足救援机器人的车厢上方也配备了 32 线激光雷达，收集机器人所在场景中大范围点云。以机载激光雷达处为中心，扫描了 12 个场景的大范围稀疏点云，依然将其中一半作为训练集，一半作为验证集，包含的基本地形特征为平地（含缓坡）、陡坡、凹坑、凸起、壕沟、水文或树木，并且利用点云标注工具 Semantic-segementation-editor 进行语义标注，如图 3-33 所示，其中图 3-33（a）是带有强度信息的原始稀疏点云，图 3-33（b）是标注工具的界面。

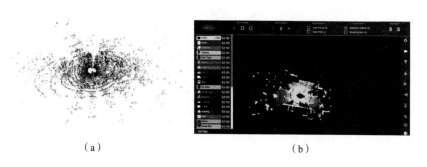

|（a）|（b）|

图 3-33 Semantic-segementation-editor 点云标注工具

2. 性能评估

分类器的预测结果可以真正率（TPR）和假正率（FPR）[53]来表示，其通过式（3-54）和式（3-55）来定义。

$$TPR = \frac{TP}{TP + FN} \tag{3-54}$$

式中，TP 表示正例样本中预测为正例的样本数，FN 表示正例样本中预测为负例的样本数，分母即为正例样本的总数。

$$FPR = \frac{FP}{FP + TN} \tag{3-55}$$

式中，FP 表示负例样本中预测为正例的样本数，TN 表示负例样本中预测为负例的样本数，分母即为负例样本的总数。

3. 野外深度相机点云数据集上的试验结果

在分类阶段采用了随机森林分类器，将其与常用的决策树、最大似然和支持向量机分类法进行对比，分别标记为 PC_RF、PC_DT、PC_MLC 和 PC_SVM，分别计算这四种分类器在我们数据集上的真正率和假正率，如表 3-6 所示，可以看出，随机森林算法的真正率最高，分类效果最好，几种分类器的假正率也较低，说明可以较好地分割出可通过的地面区域和不可通过的障碍区域。

表 3-6　各分类器的分类结果

分类器	PC_RF	PC_DT	PC_MLC	PC_SVM
TPR	89.44%	88.48%	84.22%	83.64%
FPR	6.54%	7.62%	5.22%	5.67%

在所有的地形类别中，规则化的平地、斜坡，由于其特征比较简单，所以在各类地形中的精度是最高的；对于障碍区域的凹坑、凸起、壕沟，由于其特征比较复杂，而且不是独立于平地和斜坡的地形，是和它们连接在一起的，当平地和斜坡这些广大连通区域被筛选出来后，这些地形必不可少会掺杂一些没有剔除完全的规则化地形，故分类精度受到影响而不高；对于水域地形的处理，由于其与规则化的平地和斜坡在地形上的分离效果比较明显，而且激光遇到水面会发生折射，得不到点云，水域部分是空洞，比较明显。我们可以结合前方的 RGB 图像，利用二维图像映射到三维点云的思路，定义与点云孔洞部分对应上的区域就是水域部分。因此综上所述，该方法对于可通行区域的筛选精度较高，可以满足点云语义分割的需求。

我们发现凹坑和壕沟的分类容易混淆，因为它们的特征相似，都是周围高、中间低的地形结构，且两者都是非规则化地形，点云密度均较大，故容易混淆，但是由于野外无人装备不必知道其具体的地形结构，只需要测量出凹坑和壕沟的宽度，判断是否满足跨越条件即可。

平地和斜坡的特征简单，结构明显，所以识别率较高。在基于规则化的平地和斜坡剔除中受阈值设置的限制，导致平面和凹坑、凸起等地形之间会存在混淆，结果好坏与阈值设定相关，在野外场景中，基本不存在人造路面，因此在平面拟合中设置的阈值较大，以满足野外真实情况的需求。

一些凸起和凹坑地形可能会与斜坡、凹坑、壕沟混淆，因为它们的特征比较类似，凸起的地形有时候也能看成两个斜坡堆叠而成，出现这种情况就是在超体化聚类时留下的一些体素化聚类没有进行很好的分割所导致。凸起的特征与斜坡特征最大的区别就是法向量不是一定的，且凸起周围的地形以平地为主，因此准确地将地形中心的法向量特征与周围的法向量特征融合起来是提高凸起和斜坡地形区分精度的关键所在。

总而言之，对于场景中特征明显，出现频率较高的物体分割的精度较高，而相对特征不明显，出现频率较低的物体分割精度就较差。因此，准确地选取场景的预定地形特征是非常重要的，良好的地形特征可以更好地表示场景类别，提高场景分割的精度。

对野外地形进行语义分割结束之后，分割出了广大的连通区，包括平地和缓坡，对于剩余的障碍区域，与普通的无人车不同，大型多足机器人凭借其自身的尺寸和结构，具有一定的跨越能力，对于宽度不大的凹坑、壕沟、不高的凸起、较浅的水域，多足救援机器人可以利用其足端支撑，从而越过。但是相比于平地和缓坡，跨过此类障碍具有一定的危险性，因此会率先选择规则化的路面，其次会选择可跨越的障碍地形，但是多足机器人在起点和终点之间会先选择路径最短的直线运动[54]，可以最大地提高效率，节约作业时间。

4. 野外激光雷达点云数据集上的试验结果

在野外激光雷达点云上也进行了试验，由于包含几种基本地形类别的场景难以获取，因此选择了一个包含地形类别较多的场景，它是位于城市郊区的一个建筑工地。将 32 线激光雷达放置在 3 m 高的无人装备上，可以最大限度地收集整个场景范围的点云信息[55]。

从中选取了 2 个场景点云进行可视化，其中收集的点云以激光反射强度为标签保存，如图 3-34 所示，地形类别包括七类：平地（缓坡）、陡坡、凹坑、凸起、壕沟、建筑、树木。

图 3-34 展示了该方法在野外激光雷达点云数据集上的分割效果，左边的是包含反射强度的原始激光点云，中间的是地面真值，右边是使用方法的分割效果图。第一行是主要包含一个壕沟的场景点云，由分割结果可知，该方法对于简单的平面类地形分割效果较好，所有的平面类地形可以基本被完全分割出来，但是在点云交界处，由于语义特征模糊，因此存在点云类别识别错误的情况，如部分建筑底端被识别成陡坡，壕沟两端被识别成与其相连接的地形类别，一些点云稀疏处的建筑被识别成树木等。第二行是地形

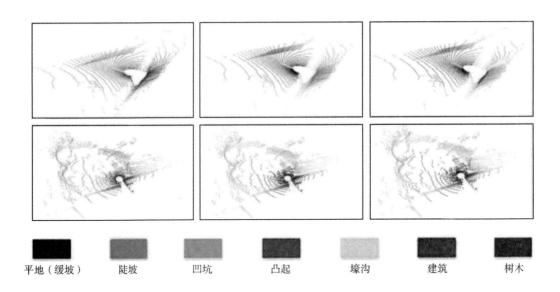

| 平地（缓坡） | 陡坡 | 凹坑 | 凸起 | 壕沟 | 建筑 | 树木 |

图 3-34　野外激光雷达点云数据集的可视化结果

类别覆盖较多的一个野外地形场景点云，可以看出该方法依然可以很好地分割出简单的平面类地形，但是对于一些凹坑凸起，存在一定的分割错误，对于一些斜坡和倾斜的建筑墙面，也会存在混淆。

为了更好地体现出随机森林分类器的分类优势，在表 3-7 中展示了各种分类器在野外激光雷达点云数据集上的定量分类精度结果。

表 3-7　不同分类器的定量分类结果

分类器	PC_RF	PC_DT	PC_MLC	PC_SVM
TPR	81.56%	78.55%	74.31%	79.42%
FPR	13.73%	16.87%	21.63%	15.32%

从中可以看出，随机森林分类法在野外激光雷达点云上依然可以取得最佳的效果，但是由于通过激光雷达获取的点云密度较低，点云的特征不够明显，因此采取相同的策略进行特征提取，最终的分割结果的精度低于深度相机获取的稠密点云。支持向量机的分类结果精度略高于决策树，基本持平，最大似然分类法的精度最低。

通过对野外激光雷达点云数据进行分割获得了多足机器人周围大场景的稀疏点云语义地图，分割出了机器人可通行和不可通行的地形区域，与先前的前方小场景稠密点云语义地图共同给机器人提供路径规划的指导。

3.3.5　小　结

多足机器人实现自主化最需要的就是实时场景理解，利用点云特征进行场景分割的方法受光照、天气影响很小，场景的识别精度比较高。大型多足机器人需要在满足一定精度的场景下进行实时自主运动，因此其在场景与任务的约束中，实时性更为重要。因此本节将双尺度分割的点云语义分割解决方案应用于野外复杂点云，采用小尺度上体素化聚类、大尺度上超体化聚类，并且采用基于规则的平面类地形预分割，大大减少了数据处理量，提升了处理的速度；最后选择泛化性较强的随机森林分类器，大幅度提升了野外地形语义分割的时效性。在自建的深度相机和激光雷达点云数据集上分别进行了试验，结果表明，采用随机森林分类器可以使得分割精度达到最佳。并且，利用双目立体视觉获得的稠密点云进行近景小范围的场景识别，利用激光雷达获得的稀疏点云进行远景大范围的环境感知，将二者结合，共同为无人装备的可通行区域选择提供指导。因此，该方法可以创建比较精准的大型多足机器人周围的语义地图，进而指导机器人的下一步规划。

参 考 文 献

[1] 高凯珺，孙韶媛，姚广顺，等. 基于深度学习的无人车夜视图像语义分割 [J]. 应用光学，2017，38（3）：421-428.

[2] 陈永健，汪西莉. FCM 预选取样本的半监督 SVM 图像分类方法 [J]. 计算机应用，2014，34（1）：260-264.

[3] 黄媛媛. 基于差分免疫进化算法的图像分割和相位解缠绕 [D]. 西安：西安电子科技大学，2013.

[4] 陈永健. 半监督支持向量机分类方法研究 [D]. 西安：陕西师范大学，2014.

[5] 郑丽娜. 视觉导航道路识别系统中图像特征直线提取方法研究 [D]. 长春：吉林大学，2005.

[6] 曲兆明，王庆国，秦思良，等. 铁纤维多层电磁屏蔽材料优化设计 [J]. 磁性材料及器件，2011，42（6）：47-50.

[7] 晓栋，徐成，刘彦. 一种实时鲁棒的非结构化道路检测算法 [J]. 计算机应用研究，2010，25（12）：2763-2765.

[8] 郝运河，张浩峰，於敏杰，等. 基于 K-means 特征的复杂环境下道路识别算法 [J]. 计算机应用研究，2016，39（2）：602-606.

[9] 邓燕子，卢朝阳，李静，等. 采用多层图模型推理的道路场景分割算法 [J]. 西安交通大学学报（自然科学版），2017，51（12）：62-67.

[10] 高嵩，张博峰，陈超波，等. 一种基于双曲线模型的车道线检测算法 [J]. 西安工业大

学学报，2013，33（10）：841-844.

[11] 王海，蔡英凤，贾允毅，等. 基于深度卷积神经网络的场景自适应道路分割算法［J］. 电子与信息学报，2017，39（2）：263-269.

[12] 龚建伟，叶春兰，姜岩，等. 多层感知器自监督在线学习非结构化道路识别［J］. 北京理工大学学报，2014，34（3）：261-266.

[13] 刘鹏辉，李岁劳，何颖. 基于消失点迭代重估的道路边缘检测［J］. 电子信息学报，2014，36（7）：1619-1624.

[14] MOGHADAM P, STARZYK J A, WIJESOMA W S. Fast Vanishing-Point Detection in Unstructured Environments［J］. IEEE Transactions on Image Processing, 2012, 21（1）: 425-430.

[15] LEE S, KIM J, YOON J S, et al. VPG Net：Vanishing Point Guided Network for Lane and Road Marking Detection and Recognition［C］. 2017 IEEE International Conference on Computer Vision（ICCV）, IEEE, 2017：215.

[16] LIU L, LAO S Y, FIEGUTH P W, et al. Median Robust Extended Local Binary Pattern for Texture Classification［J］. IEEE Transactions on Image Processing, 2016, 25（3）: 1368-1381.

[17] 刁彦华，孟子钰，王晓君. 基于 Hu 不变矩的图像形状特征提取研究［J］. 网络安全技术与应用，2017（10）：46-47.

[18] 孟凡杰，王新晴，吕高旺，等. 基于多特征准则改进区域生长的非结构化道路识别［J］. 电脑知识与技术，2016，12（35）：200-202.

[19] COSTEA A D, NEDEVSCHI S. Fast Traffic Scene Segmentation Using Multi-Range Features from Multi-Resolution Filtered and Spatial Context Channels［C］. IEEE Intelligent Vehicles Symposium Proceedings, Piscataway, NJ, USA, IEEE, 2016.

[20] KONG H, AUDIBERT J Y, PONCE J. General Road Detection from a Single Image［J］. IEEE Transactions on Image Processing, 2010, 19（8）: 2211-2220.

[21] 王晨，樊养余，熊磊. 利用 LapSVM 的快速显著性检测方法［J］. 中国图像图形学报，2017，22（10）：1392-1400.

[22] 余淼，胡占义. 高阶马尔可夫随机场及其在场景理解中的应用［J］. 自动化学报，2015，41（7）：1213-1234.

[23] 吴一全，史骏鹏. 基于多尺度 Retinex 的非下采样 Contourlet 域图像增强［J］. 光学学报，2015，35（3）：87-96.

[24] 李凯，冯全，张建华. 棉花苗叶片复杂背景图像的联合分割算法［J］. 计算机辅助设计与图形学学报，2017，29（10）：1871-1880.

[25] 徐胜军，韩九强，赵亮，等. 用于图像分割的局部区域能量最小化算法［J］. 西安交通

大学学报，2011，45（8）：7-12.

[26] 马文萍，黄媛媛，李豪，等. 基于粗糙集与差分免疫模糊聚类算法的图像分割 [J]. 软件学报，2014（11）：2675-2689.

[27] KODAGODA K R S, WIJESOMA W S, BALASURIYA A P. Road Curb and Intersection Detection Using a 2D LMS [C]. IEEE/rsj International Conference on Intelligent Robots and Systems, 2002.

[28] GALLO O, MANDUCHI R, RAFII A. Robust Curb and Ramp Detection for Safe Parking Using the Canesta TOF Camera [C]. IEEE Computer Society Conference on Computer Vision & Pattern Recognition Workshops, IEEE, 2008：4563165.

[29] ZHAO G, YUAN J. Curb Detection and Tracking Using 3D-LiDAR Scanner [C]. IEEE International Conference on Image Processing, 2013.

[30] LALONDE J F, VANDAPEL N, HUBER D F, et al. Natural Terrain Classification Using Three-Dimensional Ladar Data for Ground Robot Mobility [J]. Journal of Field Robotics, 2006, 23（10）：839-861.

[31] HATA A Y, WOLF D F, PESSIN G, et al. Terrain Mapping and Classification Using Neural Networks [J]. International Journal of u-and e-Service, Science and Technology, 2009, 2（4）：438-442.

[32] DAHLKAMP H, KAEHLER A, STAVENS D, et al. Self-Supervised Monocular Road Detection in Desert Terrain [C]. Robotics：Science & Systems Ii, August, University of Pennsylvania, Philadelphia, Pennsylvania, USA. DBLP, 2006.

[33] LARSON J, TRIVEDI M, BRUCH M. Off-Road Terrain Traversability Analysis and Hazard Avoidance for UGVs [J]. 2011. DOI：doi：http：1dx.doi.org/.

[34] 熊伟成，杨必胜，董震. 面向车载激光扫描数据的道路目标精细化鲁棒提取 [J]. 地球信息科学学报，2016，18（3）：376-385.

[35] 方莉娜，杨必胜. 车载激光扫描数据的结构化道路自动提取方法 [J]. 测绘学报，2013，42（2）：260-267.

[36] ZHOU L, VOSSELMAN G. Mapping Curbstones in Airborne and Mobile Laser Scanning Data [J]. International Journal of Applied Earth Observation & Geoinformation, 2012, 18（18）：293-304.

[37] 肖强. 地面无人车辆越野环境多要素合成可通行区域检测 [D]. 北京：北京理工大学，2015.

[38] BABAHAJIANI P, FAN L, KAMARAINEN J, et al. Urban 3D Segmentation and Modelling from Street View Images and LiDAR Point Clouds [J]. Machine Vision and Applications, 2017, 28（7）：679-694.

［39］ 陆桂亮. 三维点云场景语义分割建模研究［D］. 南京：南京大学，2014.

［40］ 张学贺. 基于双目视觉的六足机器人环境地图构建及运动规划研究［D］. 哈尔滨：哈尔滨工业大学，2016.

［41］ 伊璐. 基于立体视觉的场景三维重建技术研究［D］. 西安：西安理工大学，2017.

［42］ BRACHMANN E, ROTHER C. Neural-Guided RANSAC：Learning Where to Sample Model Hypotheses［J］. arXiv，2019，arXiv：1905. 04132.

［43］ BABAHAJIANI P , FAN L , KAMARAINEN J , et al. Automated Super-Voxel Based Features Classification of Urban Environments by Integrating 3D Point Cloud and Image Content［C］. 2015 IEEE International Conference on Signal and Image Processing Applications（ICSIPA），2015.

［44］ LIM E H, SUTER D. 3D Terrestrial LiDAR Classifications with Super-Voxels and Multi-Scale Conditional Random Fields［J］. Computer-Aided Design，2009，41（10）：701-710.

［45］ HE B, LIN Z, LI Y F. An Automatic Registration Algorithm for the Scattered Point Clouds Based on the Curvature Feature［J］. Optics & Laser Technology，2013，46（none）：53-60.

［46］ GAO H, ZHANG X, WANG L, et al. Selection of Training Samples for Updating Conventional Soil Map Based on Spatial Neighborhood Analysis of Environmental Covariates［J］. Geoderma，2020，366：114244.

［47］ GUGGARI S, KADAPPA V, UMADEVI V, et al. Music Rhythm Tree Based Partitioning Approach to Decision Tree Classifier［J］. Journal of King Saud University-Computer and Information Sciences，2020：1-15.

［48］ WU F Z, LI Y X, HU D, et al. Automatic Recognition of Loess Landforms Using Random Forest Method［J］. Journal of Mountain Science，2017，014（005）：885-897.

［49］ BASSIER M, VAN GENECHTEN B, VERGAUWEN M. Classification of Sensor Independent Point Cloud Data of Building Objects Using Random Forests［J］. Journal of Building Engineering，2019，21：468-477.

［50］ GUO Y, WANG H, HU Q, et al. Deep Learning for 3D Point Clouds：a Survey［J］. IEEE Transactions on Pattern Analysis and Machine Intelligence，2020：1-24.

［51］ SILBERMAN N, HOIEM D, KOHLI P, et al. Indoor Segmentation and Support Inference from RGBD Images［C］. Proceedings of the European Conference on Computer Vision（ECCV），Springer，2012.

［52］ HACKEL T, SAVINOV N, LADICKY L, et al. Semantic3D. net：a New Large-Scale Point Cloud Classification Benchmark［J］. ISPRS Annals of Photogrammetry，Remote Sensing and Spatial Information Sciences，2017. DOI：10.5194/isprs-annals-iv-1-w1-91-2017.

［53］ 宁进. 离群点检测及其参数优化算法研究［D］. 成都：电子科技大学，2020.

［54］ ROBERTO C，ANDREW O，DINESH J，et al. More than a Feeling：Learning to Grasp and Regrasp Using Vision and Touch ［J］. IEEE Robotics & Automation Letters，2018，3（4）：3300-3307.

［55］ SHI J，WANG C，XI X，et al. Retrieving FPAR of Maize Canopy Using Artificial Neural Networks with Airborne LiDAR and Hyperspectral Data ［J］. Remote Sensing Letters，2020，11（11）：1002-1011.

第 4 章
总结与工作展望

4.1　本书工作总结

地面无人系统的环境感知技术日益受到国内外研究机构的关注，对环境的感知和判断是智能地面无人系统工作的前提和基础，是实现环境建模、平台定位、路径规划等平台自主导航和执行任务的前提，对地面无人装备系统的研究起着非常重要的作用。如何快速、准确、全面地获取装备内部状态和外部环境信息，是环境感知系统实现"感知"和"理解"复杂环境的关键。本书针对当前主流地面无人系统的环境感知技术在复杂环境下存在的鲁棒性差、适应能力不强等实际应用难题，基于人工智能技术深入研究了几项地面无人系统复杂环境感知关键技术，具体工作可以总结为以下几点。

（1）提出一种新的复杂背景下装甲车辆目标检测技术。针对传统检测方法中使用的滑动窗口和密集锚点方法，浪费了大量计算资源的问题，本书将地面军事目标形状先验信息融合到锚点设计中，改进已有的语义引导锚点，提出形状固定的语义引导锚点，通过空间语义信息引导，滤除大部分与地面军事目标无关的区域，有效减少错误推荐和计算消耗。

针对传统检测方法中，采用单一尺度网络尺度难以同时适应大尺度与小尺度地面军事目标的问题，本书基于深度残差网络结构的 Gabor 卷积神经网络，构造多尺度表示网络，并将改进引导锚点进行分类，将上下文语义信息融入小尺度锚点中，对不同尺度的目标采用不同的检测策略，用来平衡计算消耗与小尺度地面军事目标的召回率。试验结果表明，多尺度表示网络和改进的引导锚点能够在较少的时间消耗上，有效提升对小尺度地面军事目标的检测效果。

针对地面战场环境中军事多目标跟踪任务中，军事目标被同种或异种目标遮挡时目标位置无法预测的问题，本书设计在线目标评价模块，利用目标外观特征评价目标的遮挡情况，并结合新型的运动模型，预测军事目标的位置。并针对在线目标评价模块设计时间机制模块，用来平衡历史帧和当前帧的正样本和负样本对在线候选目标评价模块更新的影响，解决在线训练模块采用污染的军事目标样本易产生退化的问题。针对传统识别—跟踪策略效率低的问题，利用在离线识别和在线跟踪分别构成的分支，实现跟踪算法的两种工作模式，实现对整体视频中跟踪效率的提升。试验结果表明，本书提出的军事多目标跟踪算法无论是在精度上还是效率上相比于传统算法均得到一定的提升。

（2）提出一种新的复杂场景下交通标志检测技术。针对基于滑动窗口的图像检测方法所容易导致的大量的时间消耗以及基于区域推荐的方法所容易造成的漏检等问题，提出了基于简化 Gabor 的 SG-MSERs 区域推荐算法。试验结果表明，简化 Gabor 除了具有边缘强化能力以外，还具有一定程度的非边区域的降噪能力。算法通过边缘强化对图像进行稳定区域隔离，通过非边区域降噪实现稳定区域的更加稳定。试验结果表明，这样的预处理能够在保证交通标志所属区域得以推荐的前提下，降低推荐区域的数量，实现准确、高效的区域推荐。

为了解决交通标志检测库的样本数量少、无法训练层次较深、无先验知识的分类器的问题，本书采用 SVM 分类器进行交通标志大类的检测。为了利用 SVM 与 HOG 特征的良好匹配性，并共享区域推荐阶段的简化 Gabor 特征，本书提出基于简化 Gabor 的 HOG 特征提取方法。利用简化 Gabor 的边缘强化属性克服了 HOG 特征擅长于纹理特征表达而不擅长边缘特征表达的缺陷，实现了较好的大类分类的性能。为了进一步解决交通标志检测所面临小样本的问题，本书借鉴 Faster R-CNN 的框架，采用预训练的 VGG-16 作为特征抽取网络，通过 VGG-16 所携带的先验知识进行区域特征表达。为了克服原始结构 Faster R-CNN 的基于锚点检测穷举性的问题，本书利用前阶段的 SG-MSERs 进行区域推荐，形成高可能性区域推荐网络 HP-RPN，并将推荐区域作为先验知识融入网络中，该方法提高了系统的处理速度和性能。

（3）提出一种新的交通大场景多类型目标检测技术。针对现有基于大数据和深度学习的目标检测框架对于高分辨率复杂大场景中低分辨率小目标识别效果较差、多目标检测的精度和实时性难以平衡的问题，改进了基于深度学习的目标检测框架 SSD（Single Shot MultiBox Detector），提出一种改进的多目标检测框架 DRZ-SSD（Dynamic Region Zoom-in，DRZ），将其专用于复杂大交通场景多目标检测。检测以从粗到细的策略进行，分别训练一个低分辨率粗略检测器和一个高分辨率精细检测器，对高分辨率图像进行下采样获得低分辨率版本，设计了一种基于增强学习的动态区域放大网络框架（Dynamic Region Zoom-in Network，DRZN），动态放大低分辨率弱小目标区域至高分辨率，再使用精细检测器进行检测识别，剩余图像区域使用粗略检测器进行检测，对弱小目标的检测与识别精度以及运算效率的提高效果明显；采用模糊阈值法调整自适应阈值策略在避免适应数据集的同时提高模型的决策能力，显著降低检测漏警率和虚警率。试验表明，改进后的 DRZ-SSD 在应对弱小目标、多目标、杂乱背景、遮挡等检测难度较大的情况时，均能获得较好的效果。通过在指定数据集上测试，相比于其他基于深度学习的目标检测框架，各类目标识别的平均准确率提高了 4% ~ 15%，平均准确率均值提高了 9% ~ 16%，多目标检测率提高了 13% ~ 34%，检测识别速率达到 38 帧/s，实现了算法精度与运行速率的平衡。

（4）提出一种新的野外道路导向技术。为实现无人装备在野外环境下，对非结构化道路进行自动、普适和精准的识别与导向，提出了一种基于图推模型与智能寻优的野外场景道路导向算法。首先将图像分割为同质超像素块，对超像素块的多特征进行融合，构造训练集；改进传统拉普拉斯支持向量机算法，结合超像素块位置信息动态选取道路区域超像素种子块，训练超像素块的多类别分类回归器和相邻超像素的一致性回归器；结合两种回归器的回归值构造马尔可夫随机场的能量函数，再利用标准图割算法迭代求取最小化能量函数实现初始道路推理分割；结合道路初分割结果，依据人对道路的直观感知设定约束条件构造目标函数，利用差分免疫克隆进化算法智能寻优提取道路的导向线。在南京珠山采集的数据和 DARPA Grand Challenge 数据库上进行检测，并与经典算法的道路导向效果进行定性和定量比较，结果表明该算法在野外环境下对非结构化道路的导向线提取精度总体达 91.79% 以上，相比于经典算法，检测精准度分别提升 48.1% 和 35.5%，算法处理效率分别提升 98.6% 和 97.8%，在检测的实时性与精准度问题上实现了平衡，具有较强的应用前景。

（5）提出一种新的激光雷达可通行区域提取技术。通过对 32 线激光雷达模型进行分析，以无人车试验过程中采集的大量图像以及激光雷达图像数据为基础进行之后的工作，通过对车辆周围环境激光点云进行平面拟合，利用欧拉角原理标定了激光雷达的侧倾角和俯仰角；之后通过分析二维平面中的向量在车体坐标系以及雷达坐标系中的相对位置确定雷达的航向角，也就是雷达安装方向与车体前进方向之间的夹角，得到了从激光雷达坐标系到车体坐标系的转换矩阵，为之后的进一步数据处理提供了更加精确的数据。激光雷达采集的数据在极坐标中描述比在直角坐标系中更加直观、方便，将激光雷达在圆周方向均匀划分扇角，在径向采取非等间距划分扇块，对扇块中的数据点提取特征向量，构造样本，采用机器学习 SVM 对样本进行训练得到训练模型，使用训练模型对每一帧激光雷达数据中的扇块进行识别，通过检测，可以很好地识别道路可通行区域与不可通行区域。野外环境障碍物类型复杂，进一步分析激光雷达数据，从中提取点数、高度等 7 种特征对扇块进行描述，采用 SVM 多分类的方法对激光雷达数据进行识别，其中正障碍物扇块、负障碍物扇块、水体障碍物扇块统一标记为障碍物扇块，基于连通区域标记方法对障碍物扇块进行聚类扩展；通过分析同一角度位置相邻激光扫描线对正障碍物、负障碍物、地面的测量情况，对极坐标扇块地图进行可通行区域扩展，实现可通行区域提取。

（6）提出一种新的复杂环境下基于双目立体视觉的环境分割技术。为解决传统的基于视觉图像对可通行区域解析的局限性，提出了野外点云语义地图构建方法。首先，利用基于规则的方法剔除平面类地形，其次，通过双尺度聚类方法对剩余点云进行处理，最后利用随机森林分类器将大尺度聚类分割成预定类别的场景。并且将激光雷达获取的稀疏点云和双目立体视觉获得的稠密点云结合起来，共同指导无人装备的环境感知，为后续的无人系统感知技术提供新的思路。

4.2　工作展望

虽然本书对地面无人系统复杂环境感知技术进行了较为深入的研究，在准确率和处理速度方面都有了一定的提高。但由于实际应用场景过于复杂，应用任务对算法的精度和实时性有着更高的要求，业界对深度学习的机理尚不完全明确，框架尚不足够成熟。未来可以在以下几个方面进一步深入研究。

（1）大规模数据库的构建。数据库是人工智能的重要研究基础，也是算法的学习对象与资源。好的数据库一定是相对完整地体现了数据本身的分布及规律，这样算法才能够从中学习有价值的信息继而服务于应用。目前该领域需要构建一个样本数量足够、不同类别样本数量相对均衡、不同的光照和气象等状况下的样本数量均衡的交通标志检测和分类一体化数据库。

（2）虽然本书提出的深度学习算法在通用桌面计算机的计算环境下，效率和精度方面都有一定的保证，基本满足实时性需求。但是对于无人车辆、汽车辅助驾驶系统，最理想的计算平台还是处理能力更弱的嵌入式计算机系统。因此，在保证效率的同时进一步减少对计算机资源的依赖是值得研究的重要课题。

（3）在本书的研究中，所使用的视频数据由靠近车辆顶部的单个摄像机捕获，通过对测试数据的反复测试和分析，就本研究的内容而言，使用多个摄像机将更合理。每个摄像头都是针对特定目标而单独设计的，可以更加有效地捕获目标特征。多个不同摄像头捕获的数据相互融合，有利于目标检测的效率和稳定性的提高。

（4）本书主要基于安装在无人设备上的单目摄像机采集的视频图像数据对环境感知关键技术进行研究。摄像机具有信息量大、视野宽广的优点，但是相机拍摄的图像很容易受到外部环境的干扰，例如照明、阴影、雨水等的变化，这可能导致相机数据采集失败。现有的地面无人装备通常装备着不仅仅一个传感器，多传感器的数据融合和协同标定技术，将能够极大地提升地面无人装备对周围环境的感知能力，有效提高装备的通行和工作效率，是当前的研究热点，具有极大的研发价值和极好的应用前景。

（5）现在的物联网技术飞速发展，利用无线通信技术，使多个无人装备之间实现数据共享，位置互相标定，将能够有效地降低数据处理成本，提高单一设备的数据处理效率，对装备运行实时性的提升效果明显。

（6）虽然提出的多足机器人语义地图的构建方法，可以较好地将周围环境中的可通行区域和不可通行区域分割开，获得可以指导多足机器人野外越障的高精度语义地图。但是研究结果表明，语义地图的精度在不同场景点云数据集下均不相同，泛化性不强，点云特征的选取具有局限性。因此在未来的工作中将在特征提取方面加大对非结构化场景特征的研究，对野外非结构化地形建立独特的特征空间，对局部特征进行增强，使得特征不明显的物体也能被很好地分割。并且利用深度学习框架构建轻量级网络，进一步提升分割的速度和精度，使得多足机器人实现完全自主识别和运动。而且考虑到获取点云的大量空洞情况，准备结合二维图像的语义信息对三维点云缺失的局部信息进行补缺，将二维语义映射到三维点云上以达到更好的效果。

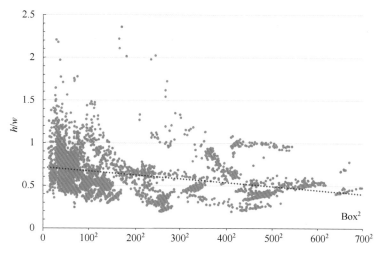

图 2-6　地面军事目标数据集 GMTD 中军事目标的形状统计

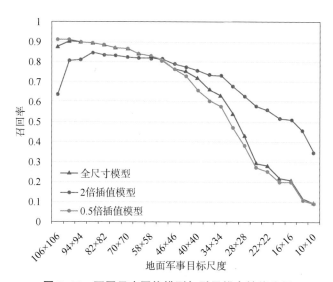

图 2-11　不同尺度网络模型与引导锚点性能分析

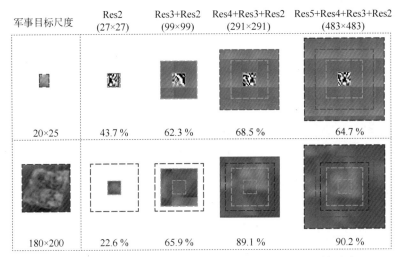

军事目标尺度	Res2 (27×27)	Res3+Res2 (99×99)	Res4+Res3+Res2 (291×291)	Res5+Res4+Res3+Res2 (483×483)
20×25	43.7 %	62.3 %	68.5 %	64.7 %
180×200	22.6 %	65.9 %	89.1 %	90.2 %

图 2-12　不同尺度接受域对地面军事目标检测召回率的影响

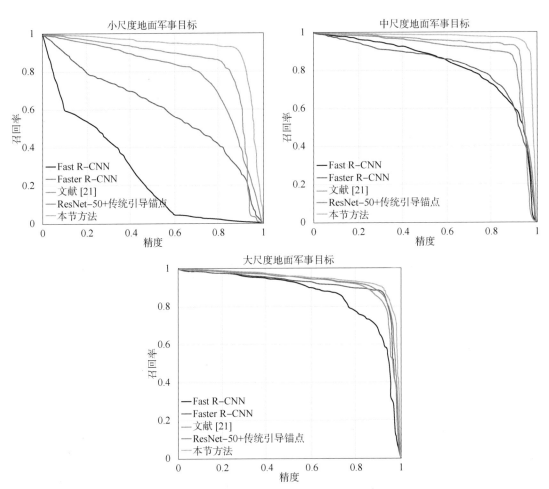

图 2-14　GMTD 三个子集上的召回率-精度曲线

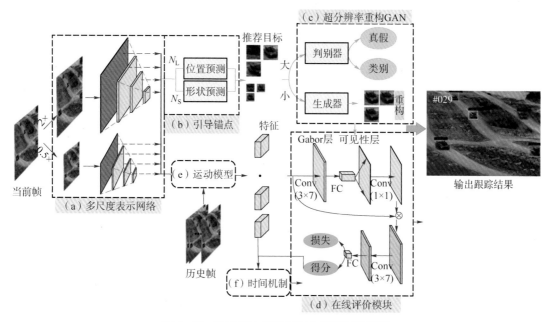

图 2-17 基于时空机制军事多目标跟踪框架

图 2-19 多目标遮挡和生成的可视化特征图示例

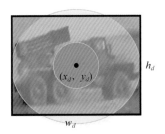

图 2-20　正负样本构造

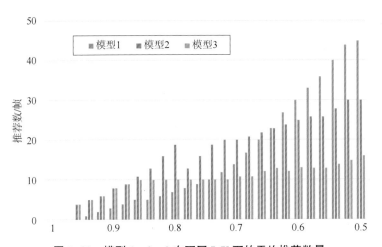

图 2-22　模型 1、2、3 在不同 IoU 下的平均推荐数量

图 2-23　遮挡前后运动模型预测与真实位置示意图

（a）　　　　　　　　　　　　　　　　　　（b）

图 2-24　地面军事目标识别与跟踪结果示例

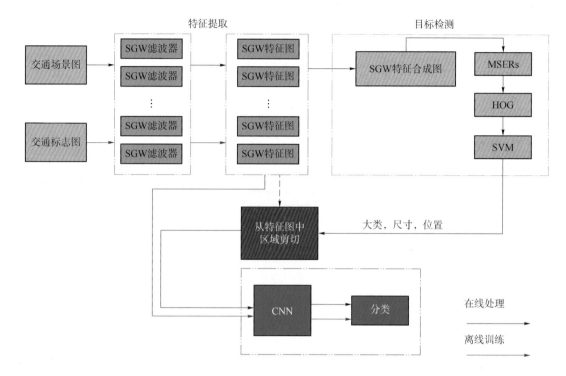

图 2-25　检测框架

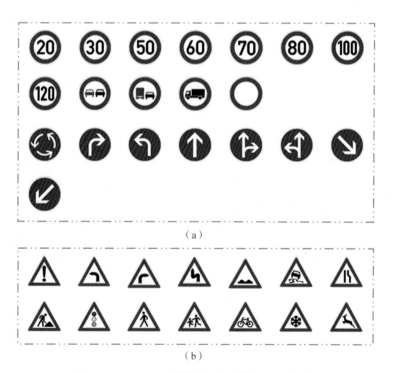

（a）

（b）

图 2-30　GTSDB 大类再定义（圆形、三角形）

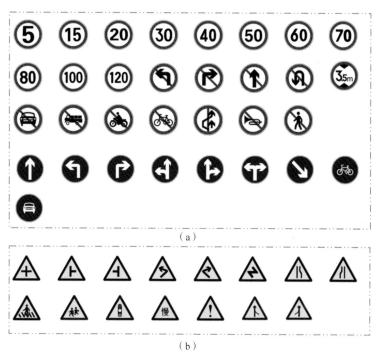

（a）

（b）

图 2-31　CTSD 大类再定义（圆形、三角形）

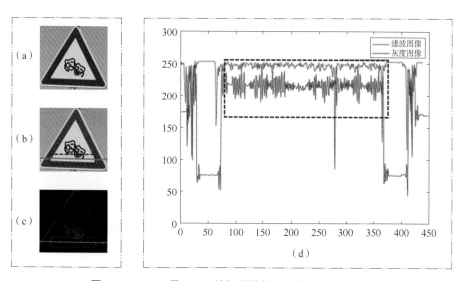

（a）

（b）

（c）

（d）

图 2-32　RGB 及 SGW 特征图的特征向量对比图（一）

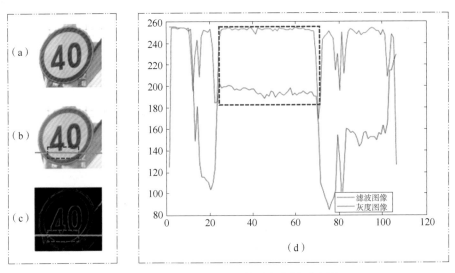

图 2-33　RGB 及 SGW 特征图的特征向量对比图（二）

图 2-35　交通标志检测结果示例

C: 0.988 F: 0.112
R-Net: −0.212

C: 0.963 F: 0.945
R-Net: 0.043

C: 0.163 F: 0.995
R-Net: 0.905

C: 0.945 F: 0.232
R-Net: −0.173

C: 0.933 F: 0.965
R-Net: 0.056

C: 0.023 F: 0.935
R-Net: 0.953

C: 0.945 F: 0.132
R-Net: −0.523

C: 0.993 F: 0.975
R-Net: 0.032

C: 0.043 F: 0.921
R-Net: 0.922

图 2-51 R-Net 放大精度增益效果

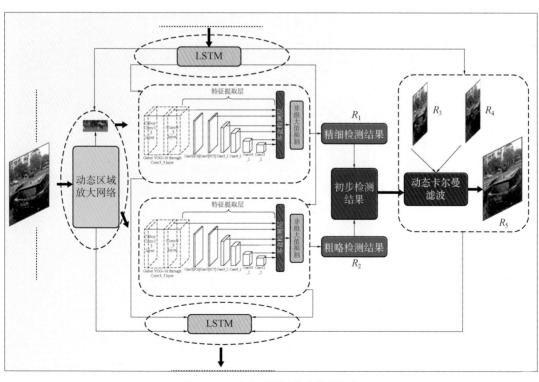

图 2-53 改进后检测算法整体框架

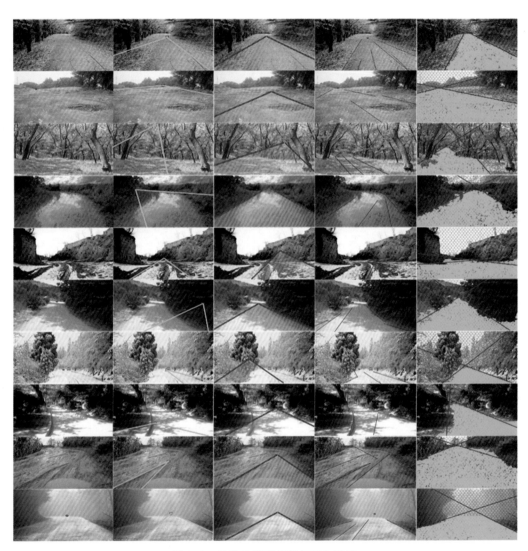

图 3-8　各算法道路分割与导向结果

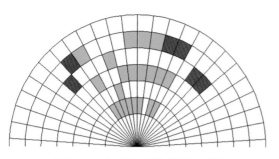

图 3-15　极坐标扇块地图识别结果

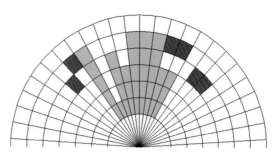

图 3-16　极坐标扇块地图区域扩展

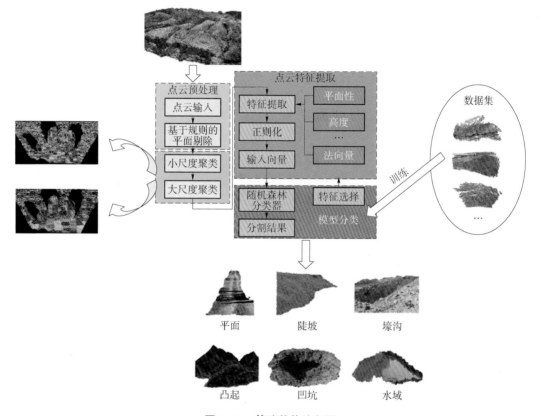

图 3-24　算法整体流程图

图 3-25　野外复杂环境下的地形结构

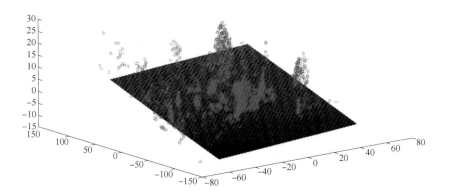

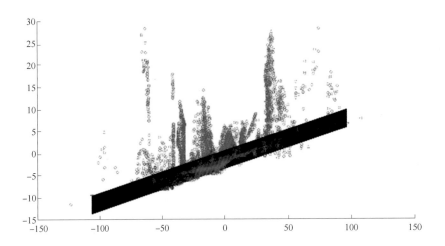

图 3-27　RANSAC 算法拟合平面

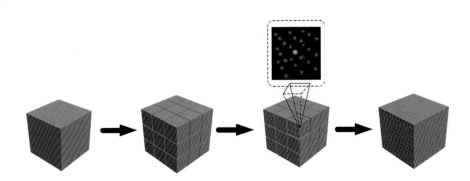

图 3-29　体素化过程图